まえがき

ＮＡＳＡの探査機ボイジャーが太陽系圏から脱出したというニュースが二〇一二年の夏に流れました。ボイジャーは、三十五年もの長旅の末に、ついに太陽系から出ていわゆる恒星間空間へと旅だっていきました。地球からの距離がおよそ一八八億kmにもなります。土星・天王星・海王星といった、これまであまり接近できなかった惑星の撮影を果たした後で、これからは太陽系の外の星々の世界を、宇宙の知的生命体へのメッセージを携えてどのように旅をしていくのでしょうか。

火星に移住！　宇宙空間に巨大な居住区を建設！　長時間の宇宙旅行を身近なものに！　といった、荒唐無稽とも思える夢のような話題を最近耳にすることがあります。これまで、単にＳＦのうえでの話だったものが、最近の目覚ましい宇宙技術の発展の影響で、ある程度の技術の裏付けを伴って構想されており、なかなか良く考えられていると感心させられます。また、これらの構想ではよく、従来の技術の組み合わせで実現可能とか、新しく開発が必要になる重要な技術はほとんどない、というように説明されます。人びとに、安心感や信頼感を持ってもらうのには良いのですが、実現するためには、まだ解決しなければならない課題があるだろうと、現実的に思ってしまいます。しかし、行けたらいいなと思いますし、いつかそういう時代が来ることは願っています。

願っていても仕方がないので、少しは何か役に立てないだろうかと考えました。いきなり、宇宙への移住や旅行では、少し飛躍が大きすぎるので、まず最初のステップとして、移住や旅行のための準備をはじめることにしましょう。

地球外でこれまで人類が足跡を残したのは月だけです。月は地球に近いし行っても帰りやすい数少ない天体なので、移住というよりも旅行のように行き来をする対象に向いています。月には大気がなく、小さな隕石でも落下してくるため、月面での有人活動は危険を伴います。そこで、安全に待機できるシェルターが必要なのですが、それを月面上に作るには多くの困難を伴います。しかし、月には火山活動でできた、富士山の麓の樹海にある風穴のようなトンネル（溶岩チューブ）があるらしいということが月周回衛星「かぐや」（SELENE）による観測画像からわかり（文献[1]）、それが有人活動の際の拠点に使えるかもしれないと言われています。

このようなことから、まずは月で有人探査が安全に行えるように、無人での下準備が必要になります。火星も移住する前に無人での調査を数多くやる必要があるでしょう。こうして、月や火星へ探査に必要なものを運ぶのに使用するロケットは、荷物室のサイズがほぼ四・六m×一六mと決まっています。また、輸送運賃は荷物の質量・嵩《かさ》（体積）と目的地でほぼ決まり、非常に高額なものです。つまり、荷物は軽量でなるべくコンパクトに収めることが求められるのです。このようなことから、さまざまな場面で超軽量な展開構造物を実現する技術が必要になってきます。地球の周回軌道や静止軌道に打ち上げる人工衛星でも、ロケットの荷物室に入れて運ばないといけないので、衛星搭載用アンテナや太陽電池アレーなどを対象に同様な展開構造技術が必要です。これらは、長い研究開発の歴史があり、メカニズムを使った展開構造物に加えて、シンプルな膜構造技術や袋状の畳まれた構造体に気体を導入して膨らませて形成する膨張膜構造（宇宙インフレータブル構造）技術の研究開発が、最近では広く行われるようになりました。目的とする対象物は違っても、超軽量ということと折り畳めるということ、この二つがこれからの宇宙利用を活性化させるキーテクノロジーになります。

もう一つこの技術の興味深いところがあります。これまでの、宇宙展開構造物が、そのプロトタイプモデル（研究段階で製作する試作品）でも、自分たちで手作りをすることが難しく、加工技術や製造技術を持っている企業の協力で開発が行われていました。しかし、この宇宙インフレータブル構造技術なら、自分たちで作ることができます。最初は、いくつかの大学との共同研究の中で大学生が作りましたし、今でも私の研究室では学生が作っています。いっしょに開発するパートナーも、宇宙関連のベンチャー企業が中心になり、優秀な若いエンジニアや研究者の熱心な取り組みが功を奏して、二〇一二年にはついに国際宇宙ステーションでの実験にまで漕ぎ着けるまでになりました（文献[2]）。研究の初期段階を、このような大学やベンチャー企業が中心になって、未来をつくる若い人たちの参加を得てできるのは、これまでの宇宙構造の研究にはあまり無いことで、そこにこの技術の将来性を見出しました。

この本は、大形宇宙構造・膜構造・宇宙インフレータブル構造に関わる技術の解説と、それぞれの国内外の研究開発の紹介が中心ですが、最先端科学技術は、研究開発に莫大な費用がつきもので、当然「なんのために」ということに対して一般のかたがたに理解されるような説明が不可欠です。むしろ、そこがスタートラインになって、そこからどんな最先端科学技術が必要になるのかを、われわれ研究者やエンジニアも認識していかないといけないのでしょう。よく言われることですが、できることをやるのではなく、やらなければならないことをやる、この自覚が未来の技術開発においても大切だと思います。この本で取り上げるものは、将来、宇宙利用が促進されていくと必ず必要になる、まさに未来の宇宙利用のためのインフラストラクチャ（infrastructure）としての、しかし開発にある程度の時間がかかるキーテクノロジーとしてのインフレータブルストラクチャ（inflatable structure）です。若い人たちにも是非、このような分野の研究開発に参加をして欲しいと思います。また、多くのかたがたに、宇宙構造技術に対する理解を深めていただき、これらの先にある新しい宇宙の利用方法の提案をして欲しいと思います。

本書をより良くするために、コロナ社から多くの貴重なアドバイスをいただきました。読者の視点を想定した楽しいやりとりの中で書き進めることができたことに、深くお礼を申し上げます。

二〇一五年四月

角田　博明

もくじ

3 宇宙利用の目的と手段

4 性能と機能

7　宇宙に開く展開構造物

【提供・出典の記載がない写真は著者撮影】

1　宇宙の中の地球を考える

地球の未来は宇宙にある

地球が人類にとって生存可能な環境であり続けるのは、あとどのくらいの期間なのでしょうか。太陽の寿命といわれている五十億年後はともかくとして、差し迫った課題の一つはエネルギー問題です。なかでも、太陽エネルギーは、太陽から照射される光や熱を直接的に利用するので、再生可能エネルギーとして最も注目を集めているエネルギーです。

有名な建築家・思想家のバックミンスター・フラーは、一九六三年に『宇宙船地球号操縦マニュアル（Operating Manual for Spaceship Earth）』で、現在の限りある化石燃料を使いながら、太陽光を有効に使うための技術開発の必要性を述べています（文献[3]）。そこでフラーは、地球をクルマに置き換えて、化石燃料をクルマのバッテリーに、太陽光などの自然エネルギーをクルマのエンジンに例えています。つまり、クルマはバッテリーがなくては始動できないが、エンジンが始動してしまえばバッテリーがなくても動き続けるというものです（もっとも、いまのクルマは電子制御に依存しているので、動きはじめてもバッテリーが必要です）。現代社会とは、バッテリーだけで走り続けるクルマのようなもので、バッテリーがあがる前にエンジンを始動しなければならない、という現実的な解釈には説得力があります。長い未来にわたって安定的に使い続けられるエネルギーは、太陽から照射される光（電磁波）しかなく、太陽エネルギーを利用するための技術開発を、化石燃料がないと回っていかない現代社会の中で進めることは、時代とともに重要性を増してきています。

本書では、地球近辺の宇宙での人類の活動だけでなく、月や惑星で人類が活動するような未来までを想定しています。地球の周回軌道での長期間の滞在をすでに実現した人類がつぎに目指すのは、月や火星などの衛星や惑星の利用でしょう。このような宇宙における有人活動でも、基本になるのはやはり太陽エネルギーです。

太陽電池の原料となるシリコン（Si）は月に豊富にあるので、地球で作った太陽電池を高い輸送コストをかけて運ぶよりも、月に工場を建ててそこで作ったほうが得策です。また、地球の周回軌道に送り込む人工衛星やほかの惑星の探査のための出発基地としても、重力が地球の六分の一である月を使えば燃料が少なくてすみます。さらに，月には地球上にはほとんど存在していないヘリウム3（^{3}He）が大量に存在することがわかっています。これは，太陽の活動で生み出されたものが，太陽風として大気がない月に到達し，月の砂の中に吸着されて保存されたものです。これを利用すれば，核融合によりエネルギーを効率良く取り出すことができます。

すでにNASAの惑星探査機や火星探査ローバーなどで使われている原子力電池の利用もありますが，それでも長期間にわたり安全かつ安定的に電力を得るには，太陽エネルギーを基本にすることは重要です。太陽系の一員である地球に暮らし，また，ほかの惑星に出掛けていっても，地球をつねに大切な故郷とするであろう人類にとって，未来はつねに太陽とともにあることを再認識したいと思います。

地球の環境問題の一つに，レアメタルと呼ばれている埋蔵量がきわめて少ない資源（希少金属）の枯渇があります。これらは，地球上に偏在しており，その安定供給が課題です。しかし，太陽系の中で，例えば白金（Pt）が豊富にあることが予想されている小惑星から白金を入手できれば，地球の資源問題の解決に結びつきます。地球は重力が大きいために，資源によっては地中深くに埋蔵されているものもあり，穴を掘ってそれを採掘するのと，採掘用の宇宙機でほかの惑星に採掘に行くのとでは，どちらのコストが低いのかという議論になりそうです。いずれも非常に大きなコストが予想されますが，宇宙を利用する場合の手段でも，ほかの用途でも使えるように汎用的なものを目指せば、その分コストダウンの可能性が高くできるという見方もできます。

宇宙に生命を求めて

約四十五〜四十六億年前に太陽系が形づくられ、地球がうまれました。そして、約四十億年前に地球に海ができ、それが生命の誕生へとつながりました。生命の存在に水は欠かせません。また、惑星探査の結果から、かつて水が存在した痕跡を発見したり、あるいは氷として蓄積されている可能性を見出す中から、地球以外にも生命が誕生した可能性が指摘されています。

しかし、生命の起源からバクテリアまでの道のりも、また、そこから光合成をする生物へと進化し、さらに海水中で生活をする生物から陸上で暮らす生物にまで進化した過程も、進化に必要な環境やさまざまな条件が適切な時系列で地球上に準備されたことで実現しました。同じような環境ということだけであれば、地球以外にも存在した（または存在している）可能性はあります。実際に、近年になって太陽系以外にあるいくつかの惑星で、恒星からの距離や温度環境が地球に似ているという発見がなされています。

また、生命にとって不可欠な水の存在の可能性が指摘されています。これらは地球から数十から数百光年も離れているため、望遠鏡による観測しか手段がなく、地球に似た環境というだけですが、そこになんらかの生命の存在を期待したいのが人類の偽らざる気持ちでしょう。未知への探求心が地球上の生命の進化の原動力ならば、その探求心の先に、いずれ地球外生命の発見の日がくるかもしれません。またそれが、単細胞の生命ということであれば、意外にその日は早いかもしれません。

人類は、さまざまな技術を手にし、高度な文明を築きあげた知的生命体です。言葉や文字を生みだしただけでなく、それを記録できるように、紙やレコードを発明しました。また、情報を離れたところに伝達したり、直接に会わなくても意志の疎通が図れるように、通信を発明しました。さらに、人や物体を長い距離でも容易に移動させることができるように、各種の交通手段を発明しました。そして現代はこれらを、地球上だけでなく宇宙空間にも広げることに邁進しています。これらは、地球外知的生命体が存在しているとしたら、発見するのに、あるいは発見されるのに有利な方向に働きます。

こうして、NASAは、一九七二年～一九七三年に打ち上げた惑星探査機パイオニア10号と11号では図形を描いた銘板を、一九七七年に打ち上げた宇宙探査機ボイジャーではレコード盤を、探査機に取り付け、地球外知的生命体にメッセージを伝えようとしました。写真1は、このボイジャーに搭載したゴールデンレコードです。レコードには、自然界の音や音楽のほかに、画像や言語やメッセージ文などが記録されており、地球に人間が築いた文明があることを知らせようとしています。このレコードは、アナログレコードなので、知的生命体であればジャケットの絵を見ながら記録を読み出すことができるだろうと考えられました。地球外に生命があっても、それが知的生命体でなければ発見してもらえないということを前提にした試みです。

銀河系に存在する地球外生命の分布を推定する方程式に、有名なドレイクの式があります。一九六一年に米国の天文学者であるフランク・ドレイクによって考案されました。この式では、人類と接触する可能性がある地球外文明の数を推測するために、地球外文明が星間通信をする割合と文明の存続期間を必要とします。つまり、星間通信の手段を持たなければ発見のしようもないわけで、そのための科学技術の発展が必要です。また、文明の存続も重要で、通信に要する時間（数百年のオーダー）を考えると、地球外知的生命体に地球を発見してもらったときには、すでに地球文明は滅んでいた、などということもありえます。われわれが平和で持続可能な地球を少しでも長く維持することが、地球外知的生命体に出会える確率を高くすることにもなります。宇宙人に出会いたいというのは、平和な地球を維持するとい

写真 1　地球外文明へのメッセージ〔©NASA〕

うことが必然となるので、科学的に裏付けられた夢ということができるかもしれません。

宇宙での生活

宇宙は過酷な環境で、地球は快適なオアシスだというのは、そういう環境で進化してきた人間による解釈です。そのような人間が、地球とは確実に異なる環境である地球以外の惑星で生活をしていくのは、多くの困難を伴うことだと思います。しかし、地球に似た生態系を作れば、その中でなら暮らしていくことができそうです。このような生態系をテラリウムと呼びます。惑星をまるごと環境改造してテラリウムにするというのも考えられていますが、もっと狭い閉鎖環境の中でなら作ることはそれほど困難ではありません。一九九一年から二年間にわたって、米国でバイオスフィア2という一・二七haもの建物で地球上に閉鎖空間を作り、その中で実際に八人の人間が生活をするという実験が行われました。循環型の社会を人工的に作るということに対する数多くの知見が、この実験から得られました。

宇宙で人間を生活させるのはハードルが高いので、現時点では植物や魚などの小さな生物を生育させる実験が行われています。生存に必要な酸素を生み出す植物と、光合成に必要な紫外線の照射、それと水と適切な温度環境があればその中で生命を育てることができます。排泄《はいせつ》物は、環境を悪化させる方向に働きますが、それを植物の生育の養分に使えば有効利用が可能です。こうして、地球上で行われている生命の営みと同じことが、テラリウムという限られた閉鎖空間の中で実現されています。国際宇宙ステーションでは、一人の宇宙飛行士により二百日以上の滞在が行われてきました。ロシアのミール宇宙船では四百日以上の最長記録を達成しています。しかし、長期間の滞在は、生命の維持だけでなく、身体機能や精神面への影響が指摘されており、まだ解決しなければならない問題があります。地球は人類にとって最適な生命維持装置であり、これに匹敵するものを人工的に作り出そうとすると、とても大掛かりなシステムが必要になります。

宇宙で人間が活動する際には、まず安全性が確保でき、生存できる環境を内部に作り出すシェルターのようなものが必要です。このシェルターの壁面は、宇宙からの放射線を遮り、また、隕石の衝突から防御する機能が必要です。さらに、内部の温度や圧力を適切に保つことも必要です。ここで、問題になるのが圧力です。地球は大気があるためにほぼ一気圧（一、〇一三 hPa）の圧力がつねにかかっています。しかし、例えば火星表面の大気圧は平均で約七五〇Paと非常に低いことがわかっており、さらに大気の組成のほとんどは二酸化炭素です。月にいたっては大気がなく、ほぼ真空状態です。このために、人間の生存に必要なほぼ一気圧の圧力をシェルター内に作り出す必要があります。

このシェルターの壁面を、本書で扱う膜構造や宇宙インフレータブル構造で作ることも研究されています。周りがほぼ真空で内部が一気圧、つまり差圧が約一気圧の圧力に耐えられる膜材は数十cmもの厚さになるため、そのような膜材の開発や、展開式にして内部の空間を広げて使う工夫が検討されています。このような技術の進歩の先に、人類が火星や月で安心して活動できる環境が用意されることになるのでしょう。

2　宇宙を「視る」こと、宇宙から「観る」こと

望遠鏡で視えるようになった宇宙

子どものころに、太陽がしずんだ夜空の星ぼしを見て、その美しさと神秘さに目を輝かせた人は少なくないと思います。太陽の光が降りそそぐ昼間とは違い、太陽系以外の天体からなる星座が、太陽系とはまた違う世界の存在を教えてくれています。本章では、まず宇宙に目を向けることから始めましょう。

人類が遠くのものを視るきっかけを作ったのが、一六〇八年のガリレオ・ガリレイによる天体望遠鏡の利用です。その後、月にクレータがあることが発見されました。もっとも、当時は月にも地球と同じように海があると想像し、「月の海」と名付けられています。いまでも月の地名にその片

鱗をみることができます。望遠鏡を初めて使ったガリレオが生きた時代には光学望遠鏡しかありませんでしたが、それでも肉眼では見ることができない世界を視ることができたのは、その後の文明の発展に大きく貢献しました。現代では、光学望遠鏡のほかにX線や赤外線で観測できる望遠鏡や、あるいは赤外線よりもさらに長い波長の電磁波を使う電波望遠鏡もあります。しかも、地球から宇宙空間に望遠鏡を出して、大気による影響を受けずに天体の鮮明な画像を視ることができます。

地球の北極や南極の近くで見られるオーロラが、太陽から放出されたプラズマと地球磁場の相互作用による発光現象であることは、いまではよく知られています。しかし、これは宇宙観測や宇宙物理学の進歩により近年になって明らかにされてきたことであり、十七世紀以前では、単に神秘的な現象として人びとに畏敬の念を抱かせたり、あるいは神話や信仰のよりどころにされてきた歴史があります。また、日の出や日の入りに伴う一日の変化や気候の変動を伴う季節の変化は、科学が発達する以前は、神秘的なできごとと考えられていました。そのような時代では、日食や月食、あるいは流星の出現は、想像もできないような、なにか大きな力の支配によるものだと受け止められていました。「見えないものを見たい」「知らないことを知りたい」という人類の欲求と、その欲求に自ら応えるために知恵を蓄積してきた人類は、やがて宇宙の、そして地球のさまざまな謎を明らかにしてきました。

このような歴史は、太陽の存在を抜きにしては語れません。生命が進化する過程の中で眼が発達しましたが、これは太陽の光が十分になければありえなかったことだとされています。眼は神経細胞の集まりで直接的に脳につながっています。眼から得た情報を脳にインプットし、そこで今度は高度な情報処理をするように脳が発達しました。視ることに興味を持った人類は、肉眼では見えないものを大きく拡大して視ることを通して、好奇心を醸成しながら、しだいに知能を高め知恵を獲得していきました。

地球から天体を視る

光学望遠鏡は、いまでも天体観測の主役です。太陽や、太陽のような恒星の光が届くところを観測するには、可視光線を使って観測するのが便利です。また、この可視光線は大気による減衰も少ないので、地球から宇宙を観測するのに適しています。じつはこの望遠鏡は、後ほど述べる「大きくすれば性能があがるもの」の典型的な例です。望遠鏡の性能の一つは明るさで、これはおもにレンズの口径で決まります。口径が大きいほうが、より多くの光を取り込むことができるため、細部まで鮮明に視ることができます。したがって、今はやりの小形高性能というわけにはいきません。そのような、大きな（高性能な）望遠鏡は、設置するための建物が必要だったり、なによりもコストがかかります。それでも、人類は高性能な望遠鏡を開発して、天体観測の技術を高めてきました。

光は図1に示すように電磁波の仲間です。電磁波には、波長によりいろいろな呼び方があり、また、性質も異なります。可視光線よりも波長が短いX線で観測を行う望遠鏡をX線望遠鏡といい、ブラックホールなどから放射されるX線の観測などに使われます。X線望遠鏡は、地球の大気の影響を避けるために、X線天文衛星として宇宙に出して観測する必要があります。逆に可視光線より波長が長い赤外線で観測を行う望遠鏡を赤外線望遠鏡といい、星形成領域のように温度が低い天体や、宇宙空間の塵《ちり》に隠されて可視光線では観測しにくい天体の観測に適しています。X線望遠鏡と赤外線望遠鏡はそれぞれの波長に応じて最適化された設計がされていますが、望遠鏡としての原理は光学望遠鏡と似ていて、像を結ぶところに検出器（それぞれの電磁波の信号を電気信号に変換する）が置かれています。また、電波

呼　称	周波数
Lバンド	0.39 GHz ⋮ 1.55 GHz
Sバンド	1.55 GHz ⋮ 3.9 GHz
Cバンド	3.9 GHz ⋮ 6.2 GHz
Xバンド	6.2 GHz ⋮ 10.9 GHz
Kuバンド	10.9 GHz ⋮ 18 GHz
Kaバンド	18 GHz ⋮ 36 GHz

周波数	波　長	名　称		
⋮	⋮			
30 MHz	10 m			
⋮	⋮	VHF（超短波）	電波	電磁波
300 MHz	1 m			
⋮	⋮	UHF / SHF（極超短波）		
30 GHz	10 mm			
⋮	⋮	EHF（ミリ波）		
300 GHz	1 mm			
≀	⋮	熱・赤外線	光・放射線	
≀	10^{-6} m			
≀	⋮	可視光線 / 紫外線		
≀	10^{-8} m			
≀	⋮	X線		
≀	10^{-10} m			
≀	⋮	γ線		
≀	10^{-12} m			
≀	≀	宇宙線		

図1　電磁波の分類

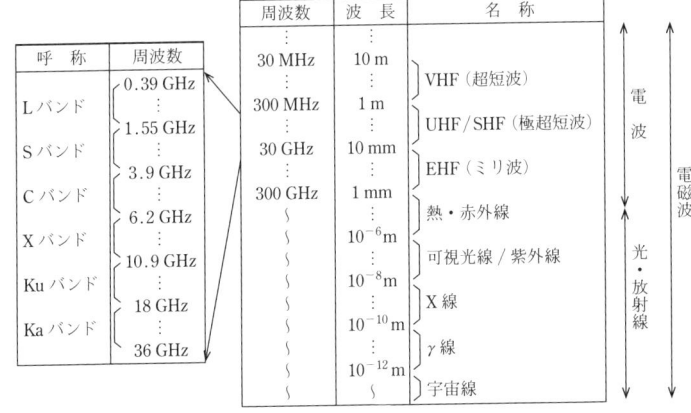

望遠鏡では、赤外線に比べてさらに波長が長い電磁波を使います。普段、私たちが電波と呼んでいるものは、波長がおおむね一mm以上の電磁波のことですが、波長が長くなると望遠鏡を大きくする必要があります。電波望遠鏡の姿は光学望遠鏡とは異なり、通信で使うアンテナと同じものになっていますが、これは使用する周波数が近いためです。電波といっても周波数にはいろいろあり、周波数に応じて波長（波長＝電磁波の速度約三〇万km/s（真空中）／周波数）が決まり、おもに観測で使用する周波数と性能（指向性・利得など）で電波望遠鏡の大きさが決まります。ここでも、大きいほど高性能となり、小形ということと高性能ということは両立しないことになります。

地球上にある大きな光学望遠鏡の例として、国立天文台ハワイ観測所の光学赤外線望遠鏡（すばる）を写真2に示します。これは、望遠鏡の口径が約八・二mもあり、可視光線とその近くの近赤外線および中間赤外線での観測が行えます。また、電波望遠鏡の例として、国立天文台野辺山観測所にある電波望遠鏡を写真3に示します。これは、観測周波数帯が一～一五〇GHzで直径が四五mもあります。これらの望遠鏡は、地球上で自分自身の質量による重さ（荷重）で変形しないように、頑丈な構造体で支持されています。しかし、このように地球上に望遠鏡を設置したのでは、望遠鏡自体の変形により大形化が困難となり、また大気による影響で、高い精度での観測が難しくなってきます。そのようなことから、望遠鏡を地球の大気の外に、つまり宇宙に出して観測するという発想が生まれました。

写真2　国立天文台ハワイ観測所の口径8.2 m光学赤外線望遠鏡〔提供：国立天文台〕

写真3　国立天文台野辺山観測所の45 m電波望遠鏡〔提供：国立天文台〕

宇宙から宇宙を観る

X線天文衛星のほかに、宇宙に出した望遠鏡で有名なのが、写真4に示すハッブル宇宙望遠鏡（HST）です。これは、地上約六〇〇kmの軌道上を周回する反射望遠鏡で、長さが一三・一m、質量が11 t、反射鏡の直径が二・四mもあり、近赤外線・可視光線・紫外線での観測が行えます。

一九九〇年四月に打ち上げられ、その後、スペースシャトルを使ったメンテナンスを経て長期にわたって使われ続けてきました。世界中の多くの天文学者が観測に参加し、太陽系以外の惑星系にある惑星の発見や、ブラックホールやダークマターといった宇宙の謎を解き明かす数々の発見などに貢献してきました。望遠鏡を宇宙に出しても、より高性能にするためには、やはり望遠鏡の口径を大きくするのが効果的です。しかし、先のハッブル宇宙望遠鏡の寸法は、じつは宇宙に輸送する手段、つまりスペースシャトルの荷物室のサイズ（直径約四・六m×長さ約一六m）で決まりました。このような打ち上げの制約と、光学望遠鏡を折り畳み式にすることが精度の観点から難しかったため、ハッブル宇宙望遠鏡は、長さが一三・一m、望遠鏡の直径が二・四mとなっています。国際宇宙ステーション（ISS）も、荷物室に入る大きさに分割して製作して宇宙に輸送し、宇宙で結合したり展開構造物の技術を使って現在の七三m×一〇八・五mもの寸法になったのです。

写真4　ハッブル宇宙望遠鏡〔©NASA〕

現在NASAでは、ハッブル宇宙望遠鏡の後継の次世代宇宙望遠鏡として、ジェイムズ・ウェッブ宇宙望遠鏡（JWST）の計画が進められています。この望遠鏡は、地球から見て太陽とは反対の方向一五〇万kmの位置にあるラグランジュ点（太陽と地球が作る重力が遠心力とつり合う位置）に置かれ、口径約六・五mの反射鏡を使って近赤外線と中赤外線での観測が予定されています。この寸法の反射鏡になると、そのままではロケットのフェアリングに収まりません。そこで、JWSTでは、18ユニットに分割された六角形の反射鏡を、宇宙空間で所定の位置に移動させて反射鏡が自動的に組み上がる仕掛けが使われる予定です。

電波望遠鏡を宇宙に出して観測する方法は、超長基線電波干渉計（VLBI）でも使われています。VLBIは、複数の電波望遠鏡を干渉計として使って、大きな開口径の電波望遠鏡を実現するというものですが、地球上の電波望遠鏡だけでは地球の直径以上に離すことができません。そこで、その一つを宇宙に置くことにより、地球上の電波望遠鏡と連携させて、見かけ上の開口径を大きくします。スペースVLBIと呼ばれるこの電波望遠鏡で有名なのが、写真5に示す電波天文観測衛星MUSES-B「はるか」（HALCA）です。これは、地上約五六〇×二一、四〇〇kmの長楕円軌道を周回する人工衛星で、見かけ上の開口径は約三万kmにもなります。アンテナの主反射鏡は、コンパクトな折り畳みを考慮した直径が約一〇m（電気的開口径が約八m）のメッシュ反射鏡で作られています。一九九七年二月に打ち上げられ、二〇〇五年の運用の終了まで、大形アンテナの展開という工学実験に加え、深宇宙にあるクェーサーの観測など数多くの成果を残しました。

宇宙から地球を観る

宇宙を視る望遠鏡について述べてきましたが、観測する対象は宇宙だけではありません。それを地球のほうに向ければ、地球を宇宙から調べることができます。つまり、衛星に搭載した光学カメラや合成開口レーダー、あるいは観測用センサを使って、地球の表面や大気の様子を観測することができます。このような観測に便利なのが周回衛星で、地球の重力とつり合う遠心力が得られる速度で地球の周りを回り続けます。例えば、高度七〇〇km程度の軌道に、このような観測衛星を投入すれば、地球の自転と衛星が周回する軌道の組み合わせで、地球を広範囲に観測することができます。ここで、光学カメラが先の光学望遠鏡に、また、合成開口レーダーが電波望遠

写真 5　電波天文観測衛星 MUSES-B「はるか」〔提供：JAXA〕

鏡に相当する役割を持っています。

写真6に陸域観測技術衛星「だいち2号」（ALOS－2）を示します。この衛星には、三m×一〇mの長方形のフェーズドアレイ方式Lバンド合成開口レーダー（PALSAR）（図では衛星の下側にある板状のもの）が搭載されています。この寸法は、そのままではロケットに収まりませんので、この場合では長手方向を五つに折り畳んで収納していました。Lバンド（一、二七〇MHz帯）という低い周波数を使うことで、昼夜・天候によらず陸地の観測を可能にしています。人工衛星による地球観測では、定期的に広範囲のデータを繰り返し収集することができ、地球環境の経年変化を長期間にわたって知ることができます。これは、地球観測のほんの一部にしか過ぎませんが、こうして地球の状態を宇宙から定期的に観測した結果は、地球環境に対する理解を深めたり、限られた地球資源の有効な活用だけでなく、今後の地球環境の保全対策を考えるうえでも貴重な情報になります。

人工衛星による地球の環境観測は、実用性がきわめて

写真6　陸域観測技術衛星「だいち2号」（ALOS-2）の合成開口レーダ PALSAR〔提供：JAXA〕

高いため、今後もいくつかのプロジェクトが計画されています。それぞれ、観測対象や観測方法によって搭載装置やセンサが異なります。可視光線や赤外線による観測では装置は小さくできますが、逆に波長が長い電波を使う観測では装置が大きくなります。JAXAが計画している気候変動観測衛星「GCOM-C」では、近紫外線から熱赤外線域での観測が行えるセンサを搭載する予定ですが、これらは衛星の構体に直接取り付けることができます。しかし、同じく日本と欧州のESA（European Space Agency）が計画しているEarthCARE（Earth Clouds, Aerosols and Radiation Explorer）という地球観測衛星では、Wバンド（九四GHz）という周波数の電波を使用し、開口径約二・五mのレーダーを搭載することが予定されています。このように、観測の目的に応じて手段として選ばれるアンテナやセンサは、性能の向上を目指して大きくならざるを得ないということになります。

コラム1　ポテトチップの袋でアンテナをつくる

インフレータブル反射鏡で使われる膜材は、アルミニウムを蒸着したポリイミドフィルムと呼ばれるものです。これ自体、人工衛星では、熱制御材の最外層に古くから使われてきたものです。人工衛星の写真やイラストをみると金色にみえる部分がありますが、黄色いポリイミドフィルムにアルミニウムが蒸着されているから光って金色にみえるのです。このようなアルミニウム蒸着フィルムのベースには、ほかにもポリエステルフィルムなどが使われます。例えば、災害時や遭難時に身体に巻いて保温するのに使うレスキューシートもこの材料です。身近なところでは、イベントなどで配っているアルミ風船があります。ポテトチップスなどのおかし袋にも、このようなアルミニウム蒸着フィルムや、アルミニウム箔を積層したフィルムが使われています。このようなフィルムを使って衛星放送受信用のアンテナ反射鏡を作ることができます。ポテトチップスを食べた後で、洗剤できれいに洗います。これを切って貼り合わせて市販のＢＳアンテナの反射鏡でとった型を使ってパラボラ反射鏡を作ります。多少は幾何学の勉強にもなります。コンバーターの部分は、市販のＢＳアンテナの部品を流用します。テレビの画面に受信映像とアンテナ方向調整用のレベルが数値で表示できますので、性能を評価できます。ただし、決して、太陽の方向に向けてはいけません。焦点にあるものが燃えてしまいます。また、屋外で適当に放置してもいけません。火災を起こすおそれがあります。

写真　ポテトチップの袋で製作したアンテナ

3　宇宙利用の目的と手段

以前は、宇宙探査や宇宙観測の目的の一つが「人類の知的好奇心」といわれることがありました。これは人間の原初的な欲求としていまでも失われていませんが、社会の変化にあわせて意味合いが少しづつ変わってきたようです。観測装置や人工衛星の開発に多額のコストが必要になった現代では、目的に対して一般の人びとの理解が得られるような説明が必要になってきています。そこで、本章では、目的と、それに対置される手段について考えてみたいと思います。

「目的」と「手段」を意識しよう

目的と手段は、日常生活やあるいは組織やグループの運営などでも普通に使われる言葉なので、なにを意味するのかを知らない人はいないでしょう。しかし、「そもそも目的は?」といわれて返答に窮することも少なくありません。「目的を見失わないようにしなさい」というのも，そもそも「見失いがち」で「重要」なのが目的だという前提でこそ意味を持ってきます。目的と似た言葉に目標があります。組織やプロジェクトのマネジメントでは，この両者を使い分けるのですが，ここでは，話をシンプルにするために，あえて目標という言葉は使わないことにします。

私たちは行動を起こす前に，意識の深さに違いはありますが，目的を定めて合理的な手段を考えます。また，使える手段によって，目的を見直すことも自然に行います。これは，個人の行動だけでなく，企業や組織・グループの活動でも同じです。複数の人が関わってくると，使える手段も増えるとともに，なにをどう使えば良いのか数多くの組合せから適切なものを選ぶことが重要になります。ここでいう手段には，技術的なことだけでなく，許認可を与える機関との調整から広報活動による世論形成までさまざまなものがありますが，ここでは技術に関する手段について取り上げます。

技術は，特に高度で先進的なものであればなおさら，使えるものにする（これが研究開発）ために時間やコストが必要になります。そのため，多少目的が明確でなくても，必要になりそうな手段（技術）を確立するために，先行的に研究開発を行うことがあります。これ自体は，もちろん一つのやり方ではありますが，この方法の落とし穴は，その手段（技術）が目的の幅を規定してしまう場合があることです。先見の明を持って研究開発が行えれば良いのですが，これはなかなか難しいのです。だから、目的と手段の関係を意識して、それにつねに注意を向けながら研究開発を進めることが重要となります。

新しくて意義のある「目的」

日常生活において、私たちが目的と手段をあまり意識しないですむ理由は、普通は目的を実現するための実用的な手段が複数あって、その中から選択するだけで良いからです。「F市に三日間の旅行に行く」という目的に対して、「飛行機で行く」「新幹線で行く」「夜行バスで行く」など、予算と好みに応じて自由に選べます。宿泊場所も、豪華な宿からリーズナブルな宿まで、これも自由に選べます。しかし、少し目的のハードルをあげるとどうなるでしょう。「X山地に二週間の探検に行く」という目的に対して、そもそも交通手段がない、泊まるところもない、食料も現地で調達できるかどうかわからない、となると、真剣に手段を考える必要があります。「事前調査をする」「飛行機をチャーターする」「二週間分の食料を運ぶのにグループを組織する」「安全対策を講じる」「通信手段を確保する」というように、やらなければならないことがたくさん出てくるでしょう。当然、一人では無理でしょうし、それに費用もかかるので、スポンサーを探す必要が出てくるかもしれません。

本書で使っている目的と手段は、いま述べた中の後者に近いものです。エンジニアや研究者は、目的に対しては、どんなに小さなことでも「意義があること」「社会の役に立つこと」を重視しています。それに加えて「新しいこと」も必要で、そうでないと、企業の場合は競争に勝ち残ることができません。また、「新しいこと」は人の意欲を引き出す原動力にもなります。先に述べた「知的好奇心」と似ているかもしれません。「誰でも行ったことがあるF市」ではなく「人跡未踏のX山地」のほうが魅力的なのは、新しいから（新規だから）です。

目的に「新しさ」が加わると魅力的になります。これは、衛星の開発でもいえることで、なんらかの「新しい」ゆえに「サービス競争でも有利になる」目的が、その衛星を特色付けることになります。特色の少ない衛星、以前の衛星とほぼ同じ衛星というのも当然あります。寿命がきた（静止衛星は通常十年程度）古い衛星と同じサービスを継承するための計画的な置き換えや、前の衛星が故障したための急な置き換え、などがそれに該当します。しかし、十年もたてば新しい技術も開発されるし、社会のニーズも変わってくるでしょう。また、通信放送衛星は企業の商用サービスで使われているために、サービスの継承とともにつねに新しいサービスが提供できるような競争力を持たせる必要もあります。このように衛星の開発でも、つねに「新しさ」が求められることになります。

宇宙開発と宇宙利用　――「目的」の変遷

二〇〇三年に現在のＪＡＸＡ（宇宙航空研究開発機構）ができるまで、宇宙開発事業団（ＮＡＳＤＡ）という組織がありました。ＪＡＸＡは、ＮＡＳＤＡ、ＩＳＡＳ、ＮＡＬの航空宇宙三機関が統合されてできたのですが、宇宙開発という名称が組織名からなくなりました。この開発という言葉は、さまざまな意味で使われる言葉ですが、単独で「開発」というと、それは「研究」に対置して使われるフェーズ（段階）の違いを表します。つまり、「研究フェーズから開発フェーズに移行する」というようにです。しかし、宇宙開発とか海洋開発というように、非常に大きく漠然としたもの（ここでは、宇宙や海洋）にくっつけて使うと、一般の人は「未開の地の開拓」といったニュアンスを持たれると思います。そこに、なにか資源があるかもしれないし、新しい発見があるかもしれない、だから開発（開拓）をすると。宇宙や海洋ではなく、もっと限定した技術名をつけて、「展開式アンテナの開発」というと、こういった曖昧さが少なくなり、先に述べた研究フェーズの先にある開発としてかなり明確になります。

いまでは宇宙開発という言葉はあまり聞かれなくなりました。宇宙開発が意味する「未知の領域である宇宙を開発する」や「宇宙を使うための技術を開発する」といったことから、「なんのために宇宙を利用するのか」ということに，一般の人びとの意識が向いてきているためだと思われます。本書では，後者を「宇宙利用」と呼び「宇宙開発」とは区別しています。言い換えると，以前は「宇宙開発」が中心だったが，現在は「宇宙利用」が大切になってきているといえます。

先に述べた目的と手段を，このことに当てはめてみると，「宇宙開発」には手段の構築的なニュアンスが強く，「宇宙利用」には目的の重要性がクローズアップされているといえます。あるいは，「宇宙開発」の中では，目的に関する部分は必ずしも明示的ではなく，「宇宙利用」というと，目的に関する部分は，もはやつねに意識しなければならないことになってきているといえます。これは，むしろいまの時代の要請にあっているとみることもできます。かつて宇宙開発が，国家的プロジェクトだったり，国の威信をかけた競争だったり，軍事技術の一部だったりした時代から，現代では平和利用・国際協力・地球環境保全といった，人類共通の課題に対する取り組みへと変化してきています。現代は，目的に対する合意が得られないと，計画やプロジェクトを進めることが難しい時代ということができます。身近なところで見ると，例えば，いまの大学生は，なんのために大学で学ぶのかという目的意識が以前より重要だといわれています。目的は曖昧でも，とりあえず大学を卒業すれば（手段を構築すれば）なんとかなる（目的は後でついてくる）といわれていた時代から，いまは，自分で将来を考えて（あるいは考えながら）大学で学ぶということが，当然のこととして必要とされる時代へ大きく変わりました。このような場合でも，目的と手段をつねに意識していれば、ある程度は回り道を防ぐことができます。

人工衛星の「目的」と「手段」――ミッション系とバス系

人工衛星は、ミッション、つまり目的によって分類することができます。身近なところでは、国際通信や移動体通信、衛星放送をミッションとする通信衛星や放送衛星があります。また、気象観測をミッションとするのは気象衛星、地球を観測するのは測地衛星や地球観測衛星です。一方、地球や月・火星などの科学観測を行うミッションを持っている場合で、周回をしない、つまり衛星でない場合は、探査機や宇宙機という呼称が使われます。

通信衛星の例としてJAXAが二〇〇八年に打ち上げた超高速インターネット衛星「きずな」（WINDS）を写真7に示します。この衛星は、超高速双方向通信

写真7　超高速インターネット衛星「きずな」（WINDS）〔提供：JAXA〕

や、大容量データ通信の技術実証が目的でした。通信衛星には、仕様や規模の違いによりさまざまなものがありますが、商用サービスを行う通信衛星では、類似した衛星が複数作られることがあります。典型的な通信衛星は、地上からの電波を衛星で中継して再び地上に送り返すことにより、異なる地点間で情報（通話・テレビ・ラジオ・インターネットなど）のやりとりができる機能を持っています。

図2は、このような衛星の構成を示すブロック図です。聞き慣れない言葉ですが、ミッション系とバス系に分けられています。ミッション系とは、その衛星を特色付ける搭載装置に関する部分で、バス系とは、他の類似の衛星でも共通した汎用的な部分ということになります。例えば、通信衛星のミッション系は通信中継装置であり、気象衛星のミッション系は気象観測装置です。バス系は、ミッション系を支える裏方のような位置付けの装置や構成品です。この、バス（bus）というのは、コンピュータなどで構成装置間で信号や情報のやりとりをする共通的な経路の呼び方と同じような意味を持っています。乗り合い自動車

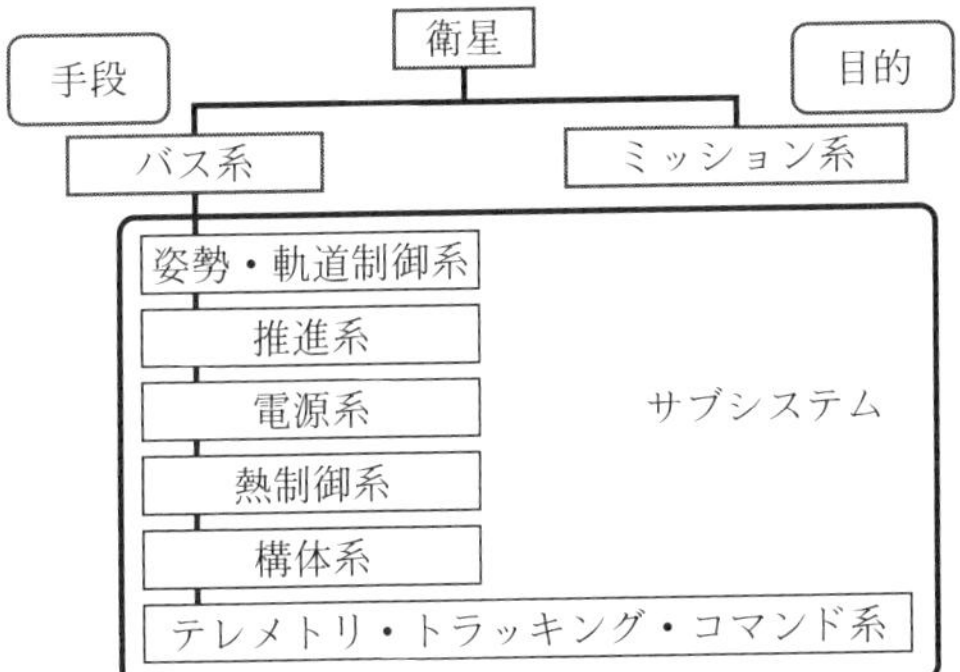

図2　人工衛星のミッション系とバス系

のバスも、「すべての人のために」というのが語源とのことなので、似たような意味になります。

図3には、このような人工衛星の主要な構成を示します。一目でわかるのが、衛星構体（衛星の本体）と太陽電池アレーとアンテナ反射鏡でしょう。電子機器は、一般的には弁当箱のような金属のケースに入れられて（宇宙から来る放射線への対策です）、衛星の内部に平らに並べて（放熱を考えています）取り付けられています。必要に応じて衛星の軌道を変えたり、時間とともにずれていく姿勢を直すのに使うスラスタも衛星の構体外部に直接取り付けられています。

ここに、先に述べた目的と手段をあてはめてみます。ミッション系を目的に、バス系を手段と見ることができます。ミッション系に「新しさ」が求められるのは、それが目的だからです。ミッ

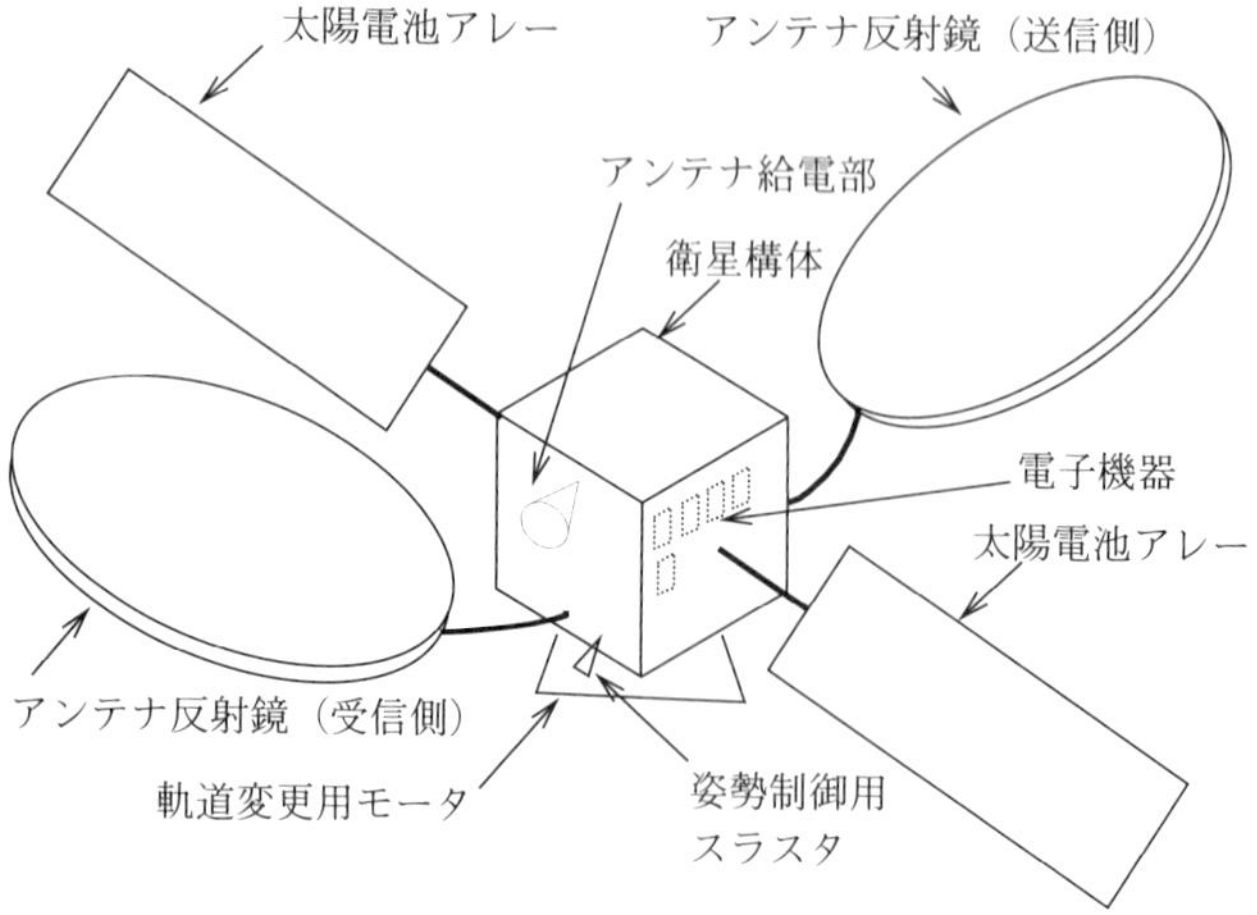

図3　人工衛星のおもなハードウェアの構成

ション系は、意義があるものでないと、そもそもサービス競争で負けてしまいます。それに対して、バス系には、低コストで信頼性が高いこと、が求められます。このための有効な手法が量産化です。そのため、衛星メーカーは複数の衛星で使えるような共通化した標準的なバス系を構築します。人工衛星を購入しようと思ったら、想定しているサービスに必要な通信装置（ミッション系）を搭載するのにふさわしいバス系を選ぶ（衛星メーカーの標準的なバスから選ぶ）ことになります。もちろん、宇宙探査機や特殊な人工衛星のように、バス系も含めて新しく開発するものもありますが、そのようなものは数が多くないのと、それでも、バス系に関しては衛星メーカーは経済的な観点からもなるべく共通化をするので、結果的には、その衛星を特色付けるものはミッション系にあるということになります。言い換えると、適切な衛星本体（衛星のバス系）を既存の製品の中から決めて、計画した目的を達成するために必要なシステム（衛星のミッション系）を構築するのが、人工衛星の開発ということになります。

つぎにこの「人工衛星の開発」に限定して考えても、この中にも目的と手段の区別があることがわかります。目的は、ある意味明確で、「なにをいつまでにどうやって提供するか」に尽きます。手段のほうは、先の探検と同じで答えが複数あり、どれを選べば良いのか決めるのが難しいのですが、市場にある技術の組み合わせで済ませようとすると、それは競争力が乏しい目的になり、ライバルに対する優位性を保ち続けることが難しくなります。特許による権利化や内部研究での技術の蓄積など、手のうちにある手段（技術）を横目で見ながら、競争力がある目的を設定することが重要になってきます。

「手段」を手に入れるのには時間がかかる

目的を明確にすると、手段も考えやすくなります。しかし、ここで困った問題があります。それは、目的を達成するために有効な手段（つまり高度な技術）を完成させるのに、しばしば、長い年月がかかる場合があることです。ふつう、人間は直近の目的を見つけて課題を解決することは得意です。しかし、何年も先のこととなると、仮説の上に仮説を重ねることになり、なかなか手段が明確になりません。火星有人計画や、宇宙に大規模な構造物を作る構想などのときに、そこで必要になる技術に対して、現状の技術の組合せや拡張で実現可能といわれることがあります。つまり、計画の可否を左右するような重要で基本になる技術や、開発に多くの時間がかかる基盤技術については目処がたっており、いまの技術の延長上で遅かれ早かれ実現できるだろうと説明されます。しかし、経済的な視点や応用技術・組合せ技術に伴う、新たな課題に対する検討は当然必要です。

本書で取り上げる大形展開構造物も、じつはそのような技術の一つです。材料技術から設計・解析技術まで、さまざまな分野の技術が発展して、それらの組合せでできそうなのですが、なかなか実用化が進まない背景には、このような、直近の目的に目が行きがちで、遠い先の目的を設定することが苦手な人間の特質が現れています。現状から考え得る数年後の目的を設定しそれを達成する手段を選定するのと、十～数十年後を見据えて数年後に設定した目的を達成する手段を選定するのと、それらの手段は違ったものになる場合が少なくありません。

例えば、製造業におけるものづくりを例に考えてみましょう。そこまでの予算は掛けられないとの判断から、現状で考え得るニーズに耐えられる製造装置を導入し、その性能や機能の範囲内で製品を作るというやり方もあります。その一方で、現状では余分の設備投資が必要ではあるが、十～数十年先のことを考えて汎用性が高い製造装置を導入し、当面はその一部の性能や機能を使って製品を作りながら、年ごとに製品の仕様を変えても柔軟に対応ができるようにするやり方がありま す。技術以外のいろいろな外部要因にも左右されるので、どちらが良いかは一概にはいえませんが、基盤的な技術の進歩に関してみると、後者には可能性を広げることができるのメリットがあるとみることができます。

ものづくりを研究開発に置き換えると、製造装置に相当するのはその研究開発の内容そのものになります。しかし、製造装置と違って研究開発の内容は、長い先を見たからといって、必ずしもいきなり多額の予算投入が必要ということにはなりません。むしろ、最初は少ない予算でスタートして、その都度やり方の見直しをしながら進めることが可能で、人工衛星や宇宙機の開発などでは実際にそのように行われています。また、やり方の見直しでは、「どうすればより良く進めることができるのか」という視点も大切です。先のことを考えて行動・実行することの重要性は誰でも良くわかっているのですが、そうすると検討事項の選択肢が増えてしまい、それぞれの場合についての検討の深さが浅いものになりがちです。このあたりのバランス感覚はきわめて難しいのですが、時間は貴重なので、少しでも先を見ながらも研究開発に時間がかかる手段の構築のために、いまの時間を捻出する工夫が重要です。

4　性能と機能

前章までで、電磁波を利用する装置として、望遠鏡・アンテナ・レーダーに触れました。本章では後半でアンテナを例にとり、性能を向上させようとすると物理的な寸法が大きくなってしまう理由について説明します。

また、その前に、この性能（performance）という用語を、身の回りの製品などを例に機能（function）と対比させて、かつ、性能のあり方に注意しながら考えてみたいと思います。一般的に、性能というのは指標を数値で表せるもの、機能というのは役割や性質といった一概に数値化できないもの、とみることができます。

性能と機能の関係

機能の背後に隠された性能　――携帯端末を例に

スマートフォンやタブレット式の携帯端末などの利用が、ここ数年で急速に増えてきました。特にスマートフォンは、かつての携帯電話に置き換わる勢いで増えてきています。このような端末を例に、性能と機能を考えてみましょう。あるスマートフォンの広告サイトを見ると、まず目に入るのは、寸法と質量です。それも本体の薄さを強調しています。持ち運びやすさが重要な指標のスマートフォンでは、これらも性能とみることができます。つぎにディスプレイの解像度が出てきます。これも数値でその大きさをアピールしているので、性能です。つぎがCPUとGPUの性能です。このあたりは、スマートフォンがコンピュータの一種であることを連想させますが、れっきとした性能を数値で示しています。つぎは、電話機なのにカメラやビデオの性能が出てきます。それも、レンズの開放F値や動画のフレームレートといった、カメラやビデオの性能そのものです。スマートフォンにカメラやビデオの機能を付け加えたということです。最後にようやく通信端末らしい、無線による接続の説明が出てきます。ファイルのダウンロード速度やWi-Fiの相対的なスピードなど、一応数値で性能として示されています。

通信端末なのに、通信機としての性能よりも、本体の薄さやディスプレイの解像度が真っ先に出てくるのには驚きますが、一般のユーザーに受け入れられる見せ方が巧妙に工夫されています。機能については、おもにボタン（スイッチ）やスピーカー・マイクなどのハードウェアとして実現されている部分と、各種設定やメールの送受信といったソフトウェアとして与えられているものがあります。これらのハードウェアも単独で機能することはほとんどなく、アプリ（アプリケーションソフトウェア）とともに使われます。このアプリは自分で追加することで、新しい機能を増やしていくことができ、このような発展性がスマートフォンの魅力となっています。ディスプレイはほぼすべてのアプリで使うでしょうし、音を出す際にはスピーカーを、声で操作する際にはマイクロフォンを、動きや振動を使用する場合には加速度センサを、位置情報が必要なときはＧＰＳモジュールが使用されます。これらの部品は、ハードウェアとしての性能を持っているのですが、その具体的な数値は示されていません。アプリの使用説明書の中に書かれていることがあるかもしれませんが、ユーザーは性能を意識せずにその機能の利便性を享受できるようになっています。このように、機能の背後に性能が隠されているのですが、いまはそれを意識しないでスマートフォンを使う時代になってきているようです。

性能の向上に間接的に貢献する機能　――クルマを例に

最近は、高機能であることがもてはやされ、性能はそこそこで良いという場合が少なくありません。その背景の一つに、携帯端末でも述べたように、製品の魅力を消費者に伝えるための効果や、開発や製造におけるコスト意識の高まりがあります。三十年くらい前までは、クルマもエンジン性能や加速性能をセールスポイントにしていることが多くみられましたが、いまではほとんどの車種がオートマチックトランスミッションになり、もはやエンジンの出力やトルク曲線のグラフも、一部を除いてカタログから姿を消しています。それに変わり、時代を反映して登場したものが、燃費性能でしょう。

消費者は、規定の方法で計測した燃費性能を相対比較して、クルマを選ぶことが多くなりました。また、エレクトロニクス技術の発達による、クルマの自動化機能の発展は安全性能の向上にもつながっています。横滑りやブレーキのロックを防ぐための機能や、障害物を検知する機能は、そのまま安全性能を高めています。このような燃費性能や安全性能が、いまのクルマの性能として重視されているのでしょう。それに対して、消費者の目が行くのは、後退する際に見えない背後を見るためのカメラだったり、明るさに応じて自動点灯するライトや、雨滴を感知して作動するワイパーなどの、運転に便利なわかりやすい機能の数々です。燃費性能といっても、それをユーザーに実感させるために、ディスプレイへさまざまな情報がこまめに表示されます。どのような運転をすれば、燃費が良くなるのかを、その情報をもとにして工夫することができるようになっています。しかし、これらも含めて、全体で運転しやすいクルマにすることで安全性能を向上させているとみることもできます。これらは、機能が性能の向上に寄与する例と考えられます。

性能向上に直接貢献する機能 ——デジタルカメラを例に

カメラのレンズも、解像度・コントラスト・発色性・開口径（明るさ）といった性能が幅を利かせていた時代から、現在では手軽にオートフォーカスで撮れて、しかも持ち運びに便利な格納式になったレンズが増えてきています。もちろん、レンズの中には同じ焦点距離でも大きく重いものもあり、それらは非常に高価なものになるのが一般的です。高価になる理由には、販売数が少ないということもありますが、ある性能を達成するために、どうしても高コストにせざるをえないということもあります。特に、一眼レフ用の交換レンズには、性能を重視した結果、普及品に比べれば、大きく、重く、また高価になってしまうものが少なくありません。しかし、これらはそのレンズの性能に照らし合わせて考えれば、決して大きすぎたり、重すぎたり、特に高価というわけではありません。そのレンズの性能を達成するための合理的な設計が行われた、現代の成熟した商品開発の結果とみることができます。

カメラのレンズ設計で、大きさや質量に影響を与える要因に、レンズ構成・レンズ枚数・開口径などがあります。像のひずみや色収差を低減し、明るい（開口径が大きい）レンズにするためには、どうしても寸法を大きくする必要があり、その結果質量も大きくなってしまいます。また、焦点距離によってもレンズの大きさが影響を受け、望遠系では全長が長く、また広角系では先端のレンズが大きくなります。結像の大きさ（イメージサークル）もレンズの大きさに影響を与え、大きな撮像素子を持つカメラ（大判カメラなど）ではレンズも大形化しますが、小さな撮像素子を持つカメラでは、レンズもだいぶ小形化・軽量化することができます。

このように、焦点距離やイメージサークルによる違いを除けば、高性能なレンズは大きくて重く、そのために高価であるというのは、現代でも基本的には変わりません。しかし、これも技術の進歩とともに少しずつ変わってきています。それは、撮影後にパソコンやカメラ内部でソフトウェアにより後処理ができるデジタル写真では、後で修正することを前提にレンズを設計することもできます。例えば、レンズの特性に伴う画像のひずみ（歪曲《わいきょく》収差）は、そのレンズの特性がわかっていれば、後で補正することができます。つまり、パソコンやカメラ内部のソフトウェアで画像を修正できるという機能が、レンズの性能の不足分を補って総合的な性能を向上させていると考えることができます。

宇宙構造物の性能と機能

宇宙構造物（space structure）の英語であるスペースストラクチャを日本語にすると、普通は建築の分野で使われている空間構造になります。たぶん関係者の数もこちらのほうが圧倒的に多く、宇宙構造物としてのスペースストラクチャは一般的にはなじみが薄い用語でしょう。人工衛星の場合には、構体という言葉もよく使われますが、これは、その衛星を構成する基幹となる主構造体（satellite body）という意味になります。ここではこのようなことも考慮して、宇宙で使用し、それ自体でなにかの役割を果たす構造物、なにかを支えるための支持構造物などを、まとめて宇宙構造物と呼ぶことにします。そうすると、人工衛星の構体は、支持構造物とみなすことができます。

宇宙構造物というと非常に広い範囲のものが含まれるのですが、その中で本書では「大きくする必要がある構造物」と「高い収納効率で折り畳む構造物」に着目しています。ここでのおもな機能は「折り畳める」「展開できる」ということです。言い換えると、折り畳まれているものを、使用する際に必要な形状に復元することができる、ということになります。この機能を与えることによって、アンテナやレーダーでは利得という性能の向上を、太陽電池アレーでは発生電力という性能の増大を、ローバーでは段差を乗り越える走行性能の向上を図ることができます。逆に、このような性能の向上は、ほかの手段ではなかなか実現が難しいものでもあります。

「折り畳める」「展開できる」ということは機能ですが、収納効率・展開信頼性・展開必要電力・形状再現精度などは、性能になります。しかし、そもそも展開しないものでは、このような性能項目は存在しません。機能自体は有無で示せますが、その機能を定量的に評価する指標として、これらの性能を使うことができます。先にスマートフォンやクルマやデジタルカメラで述べた性能と機能と同じで、性能は数値の一覧表で、機能は項目ごとに○印が付された表で示されます。

大きければ大きいほど高性能　——アンテナ

アンテナも先ほどのカメラのレンズと同じで、性能を高くしようとすると寸法や質量を大きくする必要があります。どちらも電磁波を対象にしているので当然なのですが、アンテナの大きさは、おもに周波数（波長）と、性能である指向性（ビームの鋭さ）と利得（電波の強さ）などで決まります。例えば、地上デジタルテレビ放送を受信するアンテナを例にみてみましょう。地上デジタルテレビ放送は、ＵＨＦを使っており、周波数は四七〇～七一〇MHz（波長は約〇・四二～〇・六四m）が使われています。八木・宇田アンテナといわれる魚の骨（素子）のような形のアンテナがよく使われますが、メーカーのカタログを見ると、五～三十素子（骨の数が五～三十本）のものが売られているようです。それぞれ、受信性能を感度という数値で示していて、五素子では六・三〜九・五dB、三十素子では一〇・八〜一七・五dBなどとあります。素子数が多いもの、つまり全長が長いものほど高性能ということになります。大きいものは、高価なだけではなく設置をするときの補強も必要なので、使用する地区の電波状況を勘案して、適切な素子数のアンテナを選ぶことになります。

二〇一一年七月に地上波デジタル放送に切り替わったときに、これまでのテレビの受信で使っていたVHFのアンテナは使えなくなり、多くの人が新たにUHFのアンテナに交換しました。そのときに、これまでのアンテナに比べると、素子の間隔が狭くなったことに気がついたと思います。これは、周波数の違いによるもので、これまでのテレビアンテナではVHFの周波数である九〇〜二二二MHz（波長は約一・三五〜三・三三m）が使われていました。UHFとなり波長が短くなった分、アンテナの素子の長さと間隔も短くなりました。実際には、素子の長さは波長の二分の一前後、素子の間隔は波長の四分の一になっています。

衛星放送の受信アンテナでは、お皿のような形をしたパラボラアンテナが使われています。このアンテナの反射鏡も、寸法で性能が決まります。メーカーのカタログを見ると、口径が四五cmのものから一二〇cmのものまで、いろいろあります。衛星放送の場合は、放送衛星から照射されるビームの形状と強度が決まっており、強度は地域により多少異なるので、地図の上に等高線のように受信強度が示されています。したがって、受信しようとする地域で必要になる性能のアンテナを選ぶことになります。衛星放送の受信アンテナでは、周波数の違いは電波が集まる変換器の設計に反映されます。反射鏡の形状は周波数には影響されず、幾何学的に回転放物面で与えられます。しかし、反射鏡の材料にメッシュ状や格子状のものを使用する場合には、メッシュや格子の間隔において周波数を考慮する必要があります。

八木・宇田アンテナであっても、パラボラアンテナであっても、同じ周波数で、ほかの条件を共通化して比較すれば、素子数を多くしたり、反射鏡の面積を大きくしたりすることが、性能を向上させることになります。このようなことから、高価になっても、設置する手間が多少大きくても、寸法の大きなアンテナが売られているのです。

打ち上げコストと収納スペースは無視できない

アンテナが大形化しても、地上用の場合は設置に要するコストを現実的な範囲に収められる可能性があるためまだ良いのですが、宇宙で使うアンテナでは、ロケットによる輸送コストがネックになります。大雑把にみて、大形ロケットの打ち上げコストは、一回で約百億円です。これで太陽同期軌道（太陽光と衛星軌道面のなす角が、つねに一定である軌道）や静止トランスファー軌道（静止軌道に行く前に投入する楕円軌道）に、最大で五ｔ程度の質量の衛星を投入できます。

観測衛星などの高度約七〇〇kmの太陽同期軌道を使う周回衛星は、その質量をほぼそのまま衛星で使えますが、静止衛星は静止トランスファー軌道からさらに高度約三五、七八六kmの静止軌道に行くまでのエンジン（アポジキックモータという）とそのための燃料が必要になり、これが衛星の質量のおよそ半分を占めます（燃料を含めた衛星全体の質量をウェットマスという）。これらより、静止軌道に到達した静止衛星の質量は、最大で約二・五ｔ程度（ドライマス：軌道へ投入するのに必要な燃料を除いた衛星全体の質量）になります。つまり、静止軌道までの輸送費は、一kg当り約四百万円（一g当り約四千円）にもなります。このように、宇宙に持っていくものは、地上で使うものに比べて質量に対するコスト意識が非常に重要になってきます。

もう一つ、宇宙への輸送コストに影響を与える重要なものに荷物室（フェアリング）の広さがあります。図4にロケットのフェアリングの概略寸法を示します。この寸法が、スペースシャトルや、ほとんどの大形ロケットでほぼ同じであることはすでに述べました。この荷物室

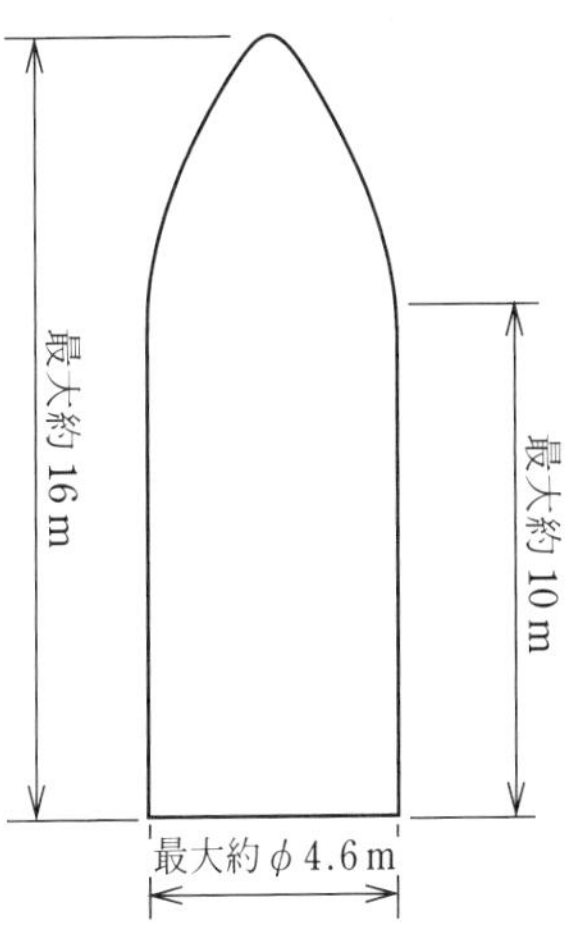

図4　ロケットのフェアリングの概略寸法

の範囲内に、人工衛星と、それに実装したアンテナなどをすべて収める必要があります。このため、衛星本体への取り付け方によっては、反射鏡の直径が約二mを超えるものは、跳ね上げ方式にする必要があり、また、約三・五mを超えるものは、さらに反射鏡自体も折り畳むことが必要になってきます。特に、性能の向上とともに大きくなるアンテナは、この軽量化と収納効率の向上は避けて通ることができない、重要な関門になってきます。言い換えると、「展開できる」という機能が、「アンテナの大形化」という性能の向上に不可欠なことだといえます。

5　大形化が求められる宇宙構造

目的と手段は，どちらも大切ですが，区別して考える必要があります。魅力的な宇宙の利用方法である目的を考えるためには，適切な手段の選定や，もしなければ新規に開発することが必要です。ここでは，手段として大形な宇宙展開構造物を取り上げるので，それがいかせるような宇宙の利用方法にはどのようなものがあるのか考えてみましょう。単純化するために，「目的」を二つの場合に分けてみました。一つは，純粋に性能の向上のために大形化が求められる場合です。この場合は，収納性と軽量性がともに強く求められます。もう一つは，特に大形というわけではないけれども，輸送時の寸法や質量が限られている場合です。収納性も軽量性も「規定の範囲に入れば良い」といった設計方針が選べる場合です。しかし，それでもより高い収納効率や軽量性で作れれば，複数機の搭載が可能になるなど，冗長系システムとしての信頼性向上に寄与できるので，収納性と軽量性も考慮します。

電波を中継する静止通信衛星

二〇〇二年から二〇一一年の十年間に世界中で打ち上げられた人工衛星の総数は九二三機とされています。そのうち、米国が二九四機と最も多く、ついでロシア・ウクライナが一九二機、欧州が一三八機、中国が九三機となっています。日本は六〇機で全体の六%ですが、年間平均六機を打ち上げていることになります。人工衛星の中でも静止衛星は、寿命も十年前後と長く、また実用性もきわめて高いため、商用サービスの面でも主流になっています。二〇一〇年における静止衛星の受注数は全世界で八二機であり、米国の四〇機が最も多く、ついで欧州の二三機となります。それも、米国と欧州のいくつかのメーカーに受注が集中しています。打ち上げられた人工衛星の中には、運用を停止したものもあり、現在はおよそ九〇〇機程度が運用中とされています（文献[4]）。

赤道上空の高度約三五、七八六kmの軌道に人工衛星を置くと、地球の自転と同じ角速度で地球の周りを回り続けるため、地球から見ると同じ位置にちょうど静止して見えます。これは、人工衛星に働く地球の引力と、地球の周りを回ることに伴う遠心力がつり合うためです。この軌道のことを静止軌道と呼び、この軌道に置いた衛星が静止衛星です。このことを一九四五年に論文で発表したのが、映画『二〇〇一年宇宙の旅』などの作者としても有名な、アーサー・C・クラークです（文献〔5〕。まだ、ロケットの打ち上げを行う前の時代のことですが、その論文の中で、静止軌道に三機の衛星を配置して、またこれらの衛星は衛星間でも通信を行うことが書かれています。衛星間通信を使うと、地上の通信網を使わずに衛星だけでネットワークが構築できるのですが、かなり高度な技術が必要とされる一方、その割には必要性がさほど高くないので、いまの静止通信衛星でも使われていません。なお、衛星間通信は、低高度の観測衛星で取得した観測データを静止軌道にあるデータ中継衛星経由で地球に送る際に使われています。

初めて人工衛星を宇宙に打ち上げたのはソビエト連邦（現在のロシア）で、一九五七年十月のことです。スプートニク1号は、質量八三・六kgで、直径五八cmの球体で四本の棒状アンテナを持っており、二〇MHzと四〇MHzの電波を使って衛星に搭載している温度センサのデータを地球に送るのに成功しました。これは、地球からの電波を中継するのではなく、衛星から地球に向けた一方向のデータ転送（片方向の通信）になります。ちなみに、この棒状アンテナは長さが二・四m（周波数が低く波長が長いのでこのような長さになる）もあるアンテナです。米国も、一九五八年一月にエクスプローラー1号の打ち上げに成功しました。この人工衛星は、宇宙線計測用のガイガーカウンターを搭載しており、宇宙環境の科学観測が行われました。打ち上げの「世界初」は逃したものの、宇宙環境の科学観測という「宇宙利用」を世界で初めて実施したことになります。

静止通信衛星では、用途によって、Lバンド・Sバンド・Cバンド・Kuバンド・Kaバンド（周波数が低いほうから記載。詳細は2章の図1を参照）といった周波数帯を使います。周波数により、それぞれ波長が異なるので、これによりアンテナの大きさが規定されます。Kuバンド・Kaバンドのような周波数帯は、広帯域（一つの通信で使える周波数の範囲が広い）で多くの情報を高速で送ることができるため、テレビ放送や高精細画像の伝送などで使われています。この周波数帯では、地上のアンテナもきちんと衛星の方向に向ける必要があるので、手軽に持ち運ぶというよりは固定設置して使うか、あるいはトラックに積んで移動し、目的地で荷台のアンテナを衛星の方向に向けるような用途が適しています。これを、専門的には固定衛星通信（FSC）といいます。この周波数帯では、静止通信衛星に搭載するアンテナも、直径二〜三m程度の反射鏡で十分で、図5に示すようなソリッド形式（ハニカムサンドイッチなどのかたいシェル構造）の跳ね上げ式反射鏡が広く使われています。運用されている人工衛星の機

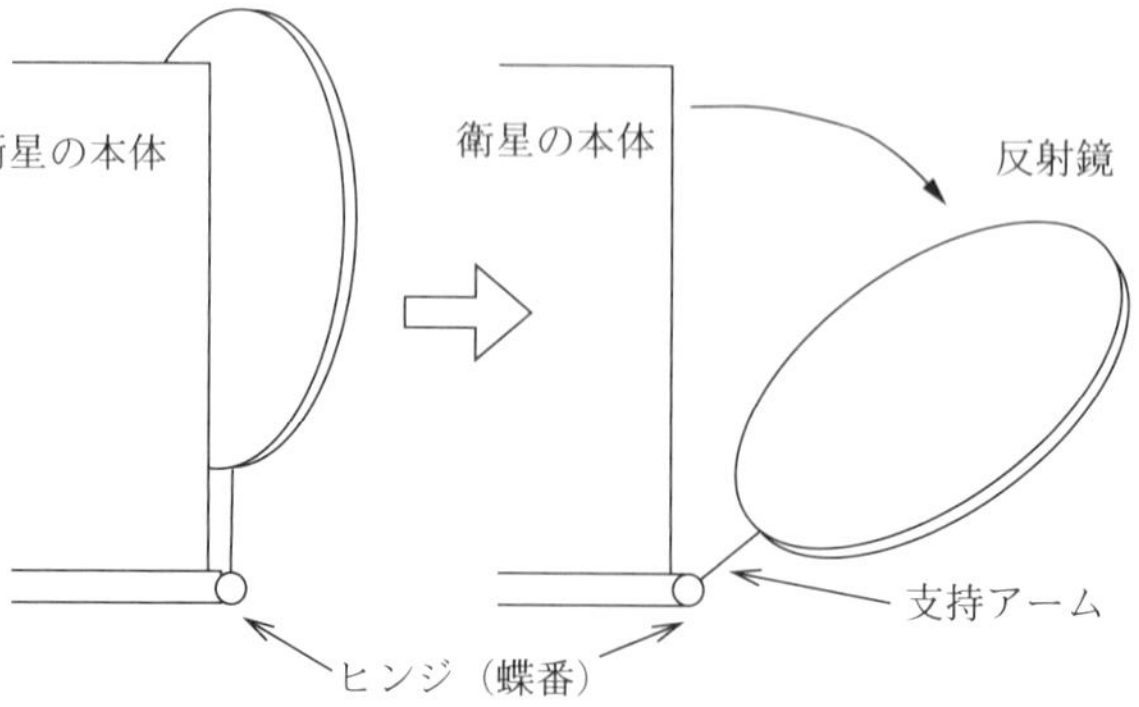

図5　ソリッド形式の跳ね上げ式反射鏡

数も、搭載されているアンテナの数も多く、技術的にも成熟した分野です。

これに対して、地上の端末（携帯式電話機）を持ち運びたい、また、衛星の方向にアンテナを向けることなく通信ができるようにしたい、といったニーズもあります。このような使い方を、移動体衛星通信（MSC）といいます。端末を持ち運べるようにするには小形化することが必要で、アンテナの寸法も、バッテリーの容量も小さくする必要があります。このため、端末から送信できる電力が小さく、電波が弱くなり、通信衛星のほうでは、この弱い電波でも受け取れるように（受信側）、また、受信性能が低い端末でも受信できるように強い電波を送る（送信側）必要があります。さらに移動体通信では、端末のアンテナをどのような方向に向けても衛星との通信ができるようにする必要があります。このような用途では、広いエリアに電波が送れる（ビーム幅が広い）低い周波数のほうが便利です。このために、LバンドやSバンドの周波数帯が移動体衛星通信用に割り当てられています。しかし、この場合は受信側でも送信側でも、ともに通信衛星に搭載するアンテナを大きくしなければならないことになります。

これまで述べてきたアンテナは、反射鏡アンテナのことです。反射鏡アンテナは、電波を送信したり受信したりする給電部と呼ばれる部分と、大きな反射鏡の部分に分けられます。大形展開構造物となるのは、この反射鏡の部分です。写真8に示すのは、二〇〇六年十二月に打ち上げられた技術試験衛星Ⅷ型「きく8号」（ETS-Ⅷ）ですが、この衛星には、外形が一九m×一七m（開口径は約一三m）の展開式のアンテナ反射鏡が二面搭載されています。このように、移動体衛星通信では、静止通信衛星に搭載するアンテナ反射鏡は非常に大形なものになります。通信衛星に限らず、静止軌道は使いやすい軌道のため、気象衛星やデータ中継衛星などでも使用されています。しかし、赤道上空で高度も決まっているため、ここに置ける衛星数には限りがあり、国際間での調整のもとで使用されています。以前は経度で二度間隔（約一、四七二km間隔）で衛星を置くことになっていたのですが、現在は電波の干渉や運用上の問題がなければもっと接近して置かれたり、準天頂衛星（八の字を描くように軌道位置を制御した衛星）のように静止軌道の位置を有効かつより使いやすくするための工夫がなされたりしています。

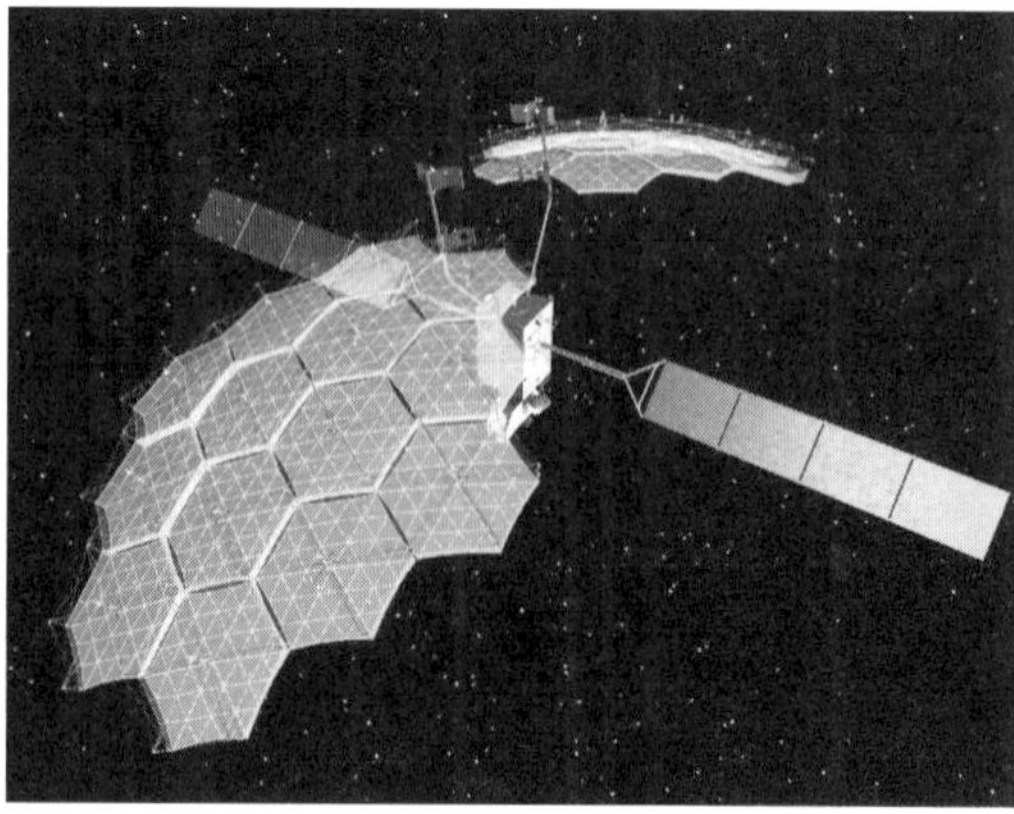

写真８　技術試験衛星Ⅷ型「きく８号」（ETS-Ⅷ）のメッシュ鏡面アンテナ〔提供：JAXA〕

地球をくまなく観察するための地球観測衛星

静止軌道に投入した衛星は、地球の周りを回りながらも見かけ上は静止して見えますが、それ以外の軌道に投入した人工衛星は、地球から見てつねに地球の周りを回り続けることになります。しかし、軌道があまり低すぎると薄いながらも大気があるために、軌道高度がしだいに低下してしまいます。また、高度二、〇〇〇～五、〇〇〇kmには、ヴァン・アレン帯の内帯という、おもに陽子の密度が高い放射線帯があり、衛星に搭載されている電子機器や有機材料に悪影響を与えます。したがって、高度三〇〇～一、〇〇〇km程度の地球周回軌道が、地球観測によく使われます。この軌道を周回する人工衛星が地球を一周する周期は一時間半～二時間弱なので、地球の自転と組み合わせて地球の表面や大気などを観測するのに向いています。また、地球を詳細に光学観測するには、低い高度から観測したほうが好都合です。このためには、七〇〇km以下の高度がよく使われます。このような観測衛星から撮影した画像データは、商用ベースで流通しており、それらを使ったインターネット上の地図表示ソフトとしてもサービスが提供されています。

地球観測衛星は、観測する対象に応じた観測装置を搭載しています。雪や氷の分布、海面や地表の温度を観測するために、可視光線や赤外線などの光学観測で使う観測装置は、それらの波長が短いためにある程度の小形化が可能です。しかし、通信と同じようなマイクロ波を使って、土壌の水分や空気中の水分量を観測する装置は、光に比べると波長が長いので大形になります。例えば、一九九二年に打ち上げられた地球資源衛星「ふよう1号」（JERS-1）に搭載された、Lバンドのアンテナである合成開口レーダーを**写真9**に示します。この合成開口レーダーは、衛星から地球に向けて電磁波を発射し、地上や大気などで反射して戻ってきたものを衛星で受信して、地形の変化や大気成分の分布などを調べます。この場合は、人工衛星も軌道上を移動していくので、合成開口レーダーは移動方向に直交する方向に細長い矩形《くけい》の形状になります。このようなレーダーでは、パラボラ反射鏡ではなく平面アンテナがよく使われます。構造上の形態は、太陽電池アレーに似てい

写真9　地球資源衛星「ふよう1号」（JERS-1）に搭載されたLバンド合成開口レーダー〔提供：JAXA〕

るとみることもできますが、平面とはいえ波長に応じた寸法精度が必要な部分もあり、構造設計のうえでは太陽電池アレーよりも難しくなります。また、静止通信衛星に比べてこのような地球観測衛星は、設計寿命が三〜四年と短くなります。これは、低軌道では昼夜の周期が短く、衛星に搭載しているバッテリーの充放電回数が多くなり、バッテリーの劣化が早くなることや、原子状酸素による影響などのためです。そうすると、寿命が十年前後と長い通信衛星よりも低軌道の周回衛星のほうが、衛星への低コスト化の要求が強いことにもなります。このことから、合成開口レーダーのように大形化し、高コスト化する傾向にある搭載機器を、より低コストに開発することと、さらに衛星の規模を小さくし、低コスト化するために、合成開口レーダーのいっそうの軽量化や高収納効率化が必要になります。

宇宙を知るための人工衛星と宇宙探査機

宇宙を知ることによって、地球の生い立ちを識《し》り、地球や人類の未来について考えることが可能になります。このような宇宙観測のための人工衛星の一つが、2章の写真5に示したスペースVLBIのための人工衛星MUSES-B「はるか」でした。この衛星では、開口径が約八mの大形のメッシュ反射鏡アンテナが使われていました。このアンテナは、一・六GHz帯・五GHz帯から二二GHz帯までの周波数を、一つの反射鏡で共用する設計になっています。反射鏡アンテナでは、周波数が低いほど（波長が長いほど）反射鏡の開口径が大きくなり、また周波数が高いほど（波長が短いほど）高い鏡面精度が必要になります。つまり、このアンテナ反射鏡では、大形化と鏡面精度を両立させることが求められていました。これも、超軽量な折り畳み展開構造物が活躍する典型的な分野です。

ジェイムズ・ウェッブ宇宙望遠鏡のような赤外線観測用の望遠鏡には、運用時の温度制御のために、太陽の光と熱を遮るサンシェードが必要です。これは、アンテナとは異なり高い構造精度は必要ありませんが、折り畳んだときには小形かつ軽量であるということが求められます。宇宙空間を航行する宇宙機は、長い運用期間において必要な電力を安定的に得るために、通常の人工衛星と同じように太陽電池アレーが使われます。また、電源系を含めた宇宙機全体の軽量化の要求が厳しく、効率的な推進系としてイオンエンジンなどの電気推進が広く使われています。イオンエンジンのエネルギー源は太陽光から生み出される電力ですが、太陽から離れる方向に飛行する場合は、太陽光がしだいに弱くなっていきます。そのような状況でも、安定的に必要な電力を得るために、海外では放射性同位体や原子力電池が電源系に使われることがあります。

これに対して、二〇一〇年に打ち上げられた、写真10に示す小型ソーラー電力セイル実証機「イカロス」（ＩＫＡＲＯＳ）では、ソーラーセイルによる推進と、セイル面に実装した太陽電池で得た電力による電気推進の技術実証が行われました。

ソーラーセイルのセイル（帆）は、一辺の長さが約一四mの正方形の膜を広げて太陽光を受けて推進力に変えるとともに、その膜に実装した太陽電池で発電した電力をイオンエンジンで使っていました。膜の材料には太陽光を反射させるためにアルミニウムを蒸着した薄いポリイミドフィルムが使われており、四つに分割して蛇腹状に細長く畳んだものを中央の宇宙機構体に巻き付けて収納して打ち上げられました。この場合は、太陽電池を一部に貼り付けた（図のセイルの中央付近にある色の濃い帯状のもの）巨大な膜を展開することになり、これも軽量で折り畳み可能な構造物の実用例になります。

アンテナ反射鏡のような装置で太陽光を集光し、その焦点で太陽光や太陽熱を電気に変換し、それをイオンエンジンなどの推進系の

写真 10　小型ソーラー電力セイル実証機「イカロス」（IKAROS）〔提供：JAXA〕

電力に使用することもできます。この場合の集光鏡も直径数mもの展開構造物にする必要があります。

太陽エネルギーを使うための宇宙太陽光発電システム

地球上にソーラーパネルを設置する太陽光発電が、近年では非常に盛んになってきました。ソーラーパネルを住宅や工場の屋根の上などに設置して、必要な電力の一部をまかなったり、余剰分は売電したりという直接的なメリットのほかに、補助金などの制度も普及の後押しをしました。しかし、発電ができるのは、昼間の日照時間帯だけであり、天候や時間帯によっては発電量が大きく減少します。人間の社会活動が多い昼間の時間帯という意味では良いのですが、社会のインフラとして、昼夜にかかわらず必要になる一定の電力（ベースロード電源）の供給には向いていません。現在は、水力発電や原子力発電によるベースロード電源の供給のほかに、人間の社会活動に伴い変動する電力の供給には、揚水式水力発電所などによるピーク電源や火力発電所などによるミドル電源などの発電方式を組み合わせて対応しています。

未来のベースロード電源として期待されているのが、宇宙にソーラーパネルを設置した太陽光発電です。こうすると、地球の大気や天候の影響を受けませんし、静止軌道であれば一部の食（地球により太陽光が遮られること）の時間を除き，つねに安定した一定の発電をさせることができます。このような，宇宙太陽光発電システム（ＳＳＰＳ）の構想は，一九六八年に米国のピーター・グレーザーによって提唱されました。写真11にそのときのコンセプト図を示します。

その後，ＮＡＳＡや米国エネルギー省（ＤＯＥ）により，また日本でも，ＪＡＸＡ宇宙科学研究所や通商産業省（現 経済産業省）を中心に，大学の研究者などの参加を得て，数多くの研究が行われてきました。宇宙太陽光発電システムは，おもに宇宙空間の巨大な発電所となる太陽光発電衛星（ＳＰＳ）と，電力を受電する地球上の受電設備から構成され，後者には，宇宙の発電所の運用を制御するための機能も持たせます。ここでは，軌道上に置いた人工衛星でもあり，大形な宇宙構造物が必要になる太陽光発電衛星について述べます。

宇宙で発電した電力を地球に送電するには，マイクロ波やレーザーが使われます。つまり，衛星から地球の受電設備に向

写真 11　宇宙太陽光発電システム（SSPS）の初期のコンセプト図〔©NASA〕

けて、マイクロ波の場合は衛星に搭載した大きなアンテナでビームを絞って送電します。そのためには、レーダーの技術を使ったアクティブ・フェーズド・アレー・アンテナなどを使います。ビームの大きさや方向を電気的に制御するこの方式では、故障時や緊急時には制御をオフにすれば、ビームが広がり安全側になります。レーザーの場合は、波長が短いのでマイクロ波ほど大きなアンテナは必要ありませんが、大気の影響を受けやすいなどの課題があります。また、太陽光を電気に変換する際には、普通は太陽電池を使いますが、太陽電池をそのまま宇宙空間に広げたのでは面積が膨大になってしまいますし、発電した電力を集めて送電部に送る送電ケーブルの電気抵抗も無視できません。そこで、集光鏡で太陽光を集めて、そこに太陽電池を置いて電気に変換するほうが効果的です。この集光鏡には、とても大きな反射鏡が必要になります。集光の方法として、レンズも使えますが、レンズは厚くまた重くなりがちです。そこで、フレネルレンズといわれる、場所により屈折率を変えたレンズにして薄くかつ軽量にすることも検討されています。

このように、太陽光発電衛星では、太陽光を集める巨大な反射鏡（集光鏡）と、マイクロ波を送信する巨大なアンテナが必要になります。この巨大さはどのくらいでしょうか。試算では、地上で一〇〇万kWの電力を得るために、反射鏡は直径が二～三km必要になるともいわれています。また、二・四GHz帯や五・八GHz帯のマイクロ波で送電することを想定して、やはりアンテナも数kmの大きさが必要になります。このように、これまでの衛星搭載用アンテナで述べてきたものに対して，桁違いに大きな反射鏡（集光鏡）やアンテナを実現するには，これまで以上の軽量化や収納効率の向上が求められます。また，現在のロケットに依存している宇宙への輸送手段についても，さらに低コスト化が可能な技術の開発や，宇宙エレベーターなどの研究開発の進捗にも期待が持たれています。

この宇宙太陽光発電システムに関しては，要素技術の研究が活発に行われており，反射鏡やアンテナを大形化する技術の延長上に宇宙太陽光発電システムで使える技術をみることは可能です。宇宙太陽光発電システムのように，莫大な開発費用が必要な構想（目的）の実現のためには，化石燃料がなくならないうちに（フラーの言葉による），太陽光発電衛星に設置する巨大なアンテナや太陽光反射鏡を，超軽量でしかも小さく折り畳めるようにできる技術（手段）の研究開発を進めることが大切です。

コラム2　宙に浮かんでみえるテンセグリティ構造

テンセグリティ（tensegrity）は，Tense（張力）と Integrity（統合）をつなげた造語です。圧縮部材（金属パイプや木製の棒など）と引張部材（ワイヤロープや紐など）だけで構成され，圧縮部材同士は結合されていない変わった構造です。米国の建築家・思想家であるバックミンスター・フラーがケネス・スネルソンの影響を受けて発明したものとされています。フラーは生涯にさまざまなテンセグリティ構造の作品を残しています。かたちの面白さから，芸術作品やモニュメントなどで見かけることがあります。インテリア用としてはテーブルの足に使っているのをどこかで見たことがあります。

フラーは，ジオデシック・ドーム（フラードーム）でも有名な建築家ですが，建築以外にも，ユニットバス（お風呂）や，ダイマクション・カー（クルマ）を創作するなど，ユニークな作品や活動を数多く残しています。その根底にあるのは，資源や時間（リソース）の有効活用とそれを人類の平和に役立てるという行動でした。明確な思想に基づく数々の作品は，そのど

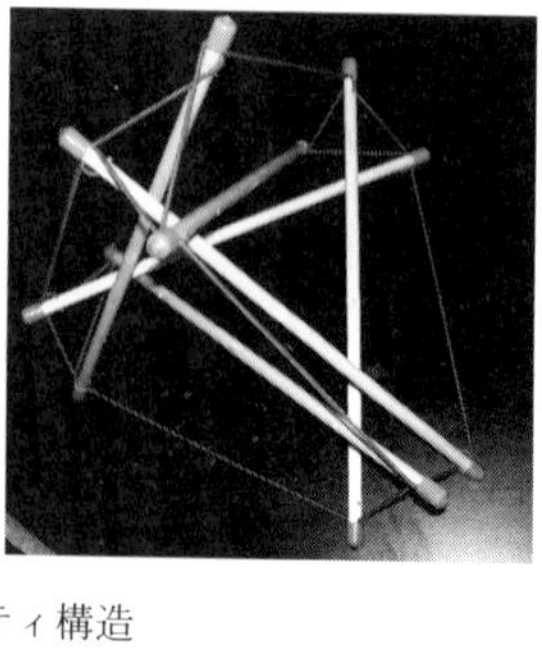

写真　テンセグリティ構造

れもが実用性の先に見た未来の形を具現化しているのだと思います。テンセグリティ構造も、このような過程で構成部材の最適な配置を考える中から生まれました。

このテンセグリティ構造は、ケーブルを緩めると形を崩して畳むことができます。しかし、展開する場合は、ケーブルの長さを簡単に調節できる仕掛けを使う必要があるので、部材の数が増えて作るのが難しくなります。しかし、正しいテンセグリティ構造の作り方ではないかもしれませんが、簡単に作る方法があります。それは、引張部材のワイヤロープや紐の代わりにゴム紐を使います。かなり強い力で引っ張っても伸びすぎないような強いゴム紐が良いでしょう。あるいは、ワイヤロープの途中にばねを入れてもいいです。こうすると、微妙なケーブルの長さ調整が不要になり、簡単に作ることができます。

もっとも、こうして作ったテンセグリティ構造は、力を加えると変形しやすくなります。変形を小さくするには、ゴムやばねを強くすれば良いのですが、用途を想定して最適な部材構成を考えてみるのも良いでしょう。写真の右に示したのは、このゴム紐を使ったテンセグリティ構造のおもちゃで、だいぶ前に美術館のショップで見つけて購入したものです。

さて、テンセグリティ構造を折り畳んでも前述の方法では、圧縮部材であるパイプが束になってしまいます。この圧縮部材を小さく折り畳める構造で作ると、さらにコンパクトに収納することができます。用途に応じた構造や材料をうまく工夫すれば、宇宙でも意外に使い道があるかもしれません。

6　軽くて折り畳める宇宙構造

月や火星の探査のために

地球の周りの静止軌道に人工衛星を打ち上げるコスト（一g当り約四千円）に比べて、月や火星への輸送コストはかなり高額です。ＮＡＳＡが火星に探査機を送り込んだときの輸送コストを調べてみると、一g当り約二十万円になります。静止軌道の約五十倍です。すべてのコストに占める打ち上げコストの比率が異なるので、一概にはいえませんが、軽量化は重要で、また、同時に小さく折り畳んで、一度になるべく多くの荷物や装置を運ぶことも必要です。このことからも、軽くて小さく折り畳める宇宙構造は、これからの月や火星の探査で重要な技術になります。また、構造物が超軽量で折り畳めるということは、巨大な構造物でなくても役に立つ場合が少なくありません。輸送コストが高い宇宙では，少しでも軽く作り，また，わずかな隙間にうまく収めることがつねに求められているといっても過言ではないでしょう。

このような軽量化や折り畳み可能な材料の実現を後押ししているのが，近年のエレクトロニクス技術の発展です。これまで大掛かりな装置が必要だったものが，小形かつ軽量なセンサやマイコンで実現できるようになりました。また，それらは柔軟な構造物への実装性も良く，かつ非常に低コストでもあります。宇宙環境での適合性や信頼性など，評価すべきことは多々ありますが，可能性が広がり選択肢が増えてきていることには期待が持てます。ＮＡＳＡでは，一九九〇年代に，「Faster, Better, Cheaper」というスローガンのもとで，低コスト化につながるいくつかのミッションが実施されました。多くの成果が得られましたが，必ずしもその後のＮＡＳＡのミッションが，この方針で進んだわけではありません。やはり，ミッションに応じた規模は必要との判断が，時々になされてきたとみるべきでしょう。しかし，身の回りの電子機器の急速な小形化・高性能化・高機能化を，これからの宇宙探査や宇宙利用でも活用していく時代は，すぐそこまで来ていると考えることができます。

月や火星などを探査するための小形ローバー，あるいは火星を飛行させる無人飛行機などは，ロボットの一種とみることができます。コンピュータを搭載し，各種センサで周囲の情報を得て，自立的に活動するこれらは，まさに現代のロボット技術の延長上にあるといえるでしょう。これら小形ローバー用のホイール（タイヤ）と火星用の無人飛行機のウィングは、必要にして十分な大きさを持たせたうえで、軽量かつ小さく折り畳めるものが有効と考えられます。もちろん、太陽電池アレーも、なるべくコンパクトに折り畳んで持って行きたいものです。

月や火星での有人活動はもう少し先になりそうですが、それを前提に考えると有人活動のためには、滞在の安全性が確保できるようなシェルターや荷物や装置を設置するための建築物が必要になります。これらは、ロボットによる組み立てを前提にするにしても、ユニットを結合して大形化するなど簡易な建設方法の工夫が必要になります。また、少なくともユニット単位で、宇宙輸送船で運べる寸法と質量にしなければなりません。このような使い方を想定すると、やはり軽量で小さく折り畳める構造技術が必要な場面が必ず出てきます。

設計条件は緩すぎず厳しすぎず

宇宙で使用される構造物を設計する際には、つぎのような条件を考慮する必要があります。まず、太陽光に直接曝《さら》されることを考えると、時々刻々と変化する太陽光照射による熱ひずみに伴う変形を小さくする必要があります。また、長い時間の経過による材料の塑性変形（クリープという）を小さくすることも必要です。宇宙特有の環境への対策の一つに、飛来する微小なメテオロイドの衝突による損傷を軽減したり、あるいは影響を少なくすることも考える必要があります。また、低軌道で使用する場合は、特に有機材料を劣化させやすい原子状酸素に対する対策が必要です。温度範囲は、おおむねマイナス一三〇～プラス九五℃程度で運用するようにします。しかし、これらは必ずしもすべてが高いレベルで必要とされるわけではなく、使用環境や用途によってそれぞれの重要性は異なります。また、すべての構造物に長寿命が要求されるわけではなく、寿命は使用目的に依存します。商用の静止通信衛星の寿命は十～十二年程度ですが、観測衛星では寿命が数年というものもあります。また、前述したような惑星を探査する小形ローバーや無人飛行機であれば、運用期間が数日から数十日ということもあり得ます。

このようなことを考慮して、過剰設計にならないようにします。このあたりは、相当に慎重にやらないとコスト上昇を招きます。安全側にマージンを大きく取りすぎて、仕様を厳しめにするというのでは、そもそも設計が成立しない場合もあります。研究段階からさまざまなデータを積み重ねていき、現実的な目標値が設定できるようにすることが大切です。

本当に宇宙で使えるか　――宇宙実験での技術実証

これまで、宇宙で使用するものは、過去の実績が重視されてきました。もっとも、実績が重視されるのは、宇宙用の装置だけではありません。身近なところでも、実績があるということで一般的には高い信頼が得られます。しかし、宇宙での実績というのは、そう簡単に得られるものではありませんし、逆にそれが足枷《あしかせ》になってなかなか新しい（実績がないまたは少ない）ものが使えません。超軽量で小さく折り畳める構造を実現するのに非常に有効とされる宇宙インフレータブル構造は、しばしば「宇宙での実績がない（またはきわめて少ない）」といわれてきました。「宇宙での実績がない」から「宇宙で使わない（使えない）」、その結果「宇宙での実績ができない」、当然いつまでたっても「宇宙での実績ができない」という状態です。

宇宙実験の方法にはおもに、①観測ロケットなどの小形ロケットの利用、②観測用の気球の利用、③小型衛星の利用、④国際宇宙ステーションの利用、の四つが考えられます。以前は、これらの方法のほかに、国の技術試験衛星による宇宙実証や、利用は米国に限られますがスペースシャトルを使った宇宙実証もありました。これらは、いずれも実験というよりも実証というのが相応しく、そのための準備も時間がかかる大掛かりなものでした。この①から③のように実験として行える機会が増えたことは、宇宙インフレータブル構造の研究開発にとっては朗報とみることもできます。実際これまでに、①と③による実験が行われてきましたし、後述するインフレータブル式アクチュエータを使った伸展マストの宇宙実証は、④の国際宇宙ステーションで行われました。

7　宇宙に開く展開構造物

軽くて折り畳める宇宙構造物は、宇宙利用の新しいミッションを創出するうえで欠かせないインフラの一つです。これまでにも展開構造物は数多く開発され、その多くはヒンジやメカニズムを使ったかたい構造物でしたが、現在、膜材料を使ったやわらかな構造物が注目を集め、多くの研究開発が行われています。ここでは、軽くて折り畳める宇宙構造物の歴史と具体例をみてみましょう。

かたい構造物、やわらかな構造物

ヒンジやメカニズムを使った構造物

最も古い宇宙展開構造物は、初期の人工衛星で使われたアンテナでしょう。写真12に示すスプートニク1号（一九五七年）にも四本の細いアンテナが見られます。衛星がどこへ行っても見つけやすいように、低い周波数の（波長が長い）電波を通信に使うので、長いアンテナが必要になります。これらのアンテナは、細い金属製の線状アンテナなので、多少は曲げて収納することができます。このようなシンプルな湾曲式の線状アンテナは、いまでも小型衛星でよく使われています。その後、アンテナがより長くなったり、太陽電池アレーのように大きな面積の構造物を展開することになると、ヒンジ（蝶番《ちょうつがい》）を使ったものが主流になってきました。線状アンテナでは、日曜大工で使うメジャーのように、軸に巻かれた湾曲した細い金属の帯を伸展したり、携帯式望遠鏡やラジオのロッドアンテナに見られるテレスコピック型なども使われるようになりました。

写真 12　長い線状アンテナを持った最初の人工衛星（スプートニク１号）〔©NASA〕

　宇宙で展開させるには、展開させる力をなにによって発生させるかが重要です。最もシンプルな線状アンテナは、全体を撓《たわ》ませてエネルギーを蓄え、押さえを外して展開させますが、大形で複雑な構成になると、別に設けたばねで発生させる展開力でこれらの展開構造物を展開していました。また、それだけでは展開速度の制御が難しいので、展開力はばねの力で得ながら一気に展開してしまわないように展開をケーブルで拘束し、そのケーブルをゆっくりと緩めるのにモータとギアを使うこともありました。中には、モータとギアで展開力を発生させることも行われていました。さらに、大規模になると、国際宇宙ステーションのように、ロボットアーム操作や有人活動の中で、組み立てや取り付けといった作業を、構造物の展開に組み合わせる場合も出てきました。

大形化する反射鏡に対しても、衛星構体に固定する部分にヒンジを設けた跳ね上げ式にする場合があります。この跳ね上げ式の反射鏡は、比較的シンプルで信頼性も高いので、現在ではほとんどの通信放送衛星のアンテナで使われています。それでは、より一般的で大形な展開構造物であるタワー構造物や、センサやカメラなどの支持構造物は、どのように作ったら良いでしょうか。折り畳んだ寸法が許容範囲に収まるのであれば、筒状のパイプ材や板状のパネル材をヒンジで結合した折り畳み構造物で良いのですが、パイプ材やパネル材も、個々の部材の寸法や形状が折り畳まれたときの寸法や形状を規定するため、コンパクトにするのが難しい場合があります。また、ヒンジを設けると、畳んだときにその分だけ収納寸法が大きくなります。このため、「長さは短くできるけれども、意外に嵩張《かさば》る」ということが生じます。

反射鏡を折り畳まなくても収納できる寸法（およそ直径三・五m以下）のアンテナ反射鏡では、

通常は、軽量化と熱変形を小さくするために、炭素繊維強化プラスチック（ＣＦＲＰ）製の薄板を表皮にしたハニカムサンドイッチ構造が広く使われています。サンドイッチ構造とは、コアと呼ばれる芯材を薄い表皮でサンドイッチのように挟んで接着した軽量で曲がりにくい板状の構造です。材料は異なりますが、身近なサンドイッチ構造として段ボールがあります。衛星用のアンテナ反射鏡では、ハニカム状のアルミニウム合金製のコアと、ＣＦＲＰ製の表皮がおもに使われます。反射鏡は、サンドイッチ構造にすることで、ある程度の軽量化を達成できますが、この方法で大形化をしていくといろいろ問題が出てきます。これまでは、反射鏡を分割してヒンジをつけて、展開式にしていましたが、厚みがあり湾曲しているサンドイッチ構造を分割して折り畳んで小さくするのは至難の業で、新たな反射鏡の形成方法が求められていました。

膜材料の活用

ロケットの荷物室（フェアリング）の寸法上の制約は、直径は最大で約四・六ｍ、長さは最大で約一六ｍです（4章の図4参照）。しかし、先端まですべては使えませんので、長さに関しては一〇ｍ程度となり、折り畳んだときに細長くなるような物を載せるのに適しています。しかし、ロケットのフェアリングに収めるのは展開構造物だけということはなく、人工衛星や宇宙探査機に搭載した状態でいっしょに収めますので、折り畳み時の形状にもある程度の自由度があるほうが使いやすい（載せやすい）ということになります。極端にいえば，空いているスペースにうまく収められる展開構造物のほうが便利だということです。このあたりは，身の回りの品々の収納テクニックと似ています。形が決まっているスキー用品やゴルフ道具はしまいにくいけれども，自由に形が変えられる風呂敷やテント・タープなどのキャンプ用品は，畳んで小さくして収納できます。このような折り畳み方法の自由度が大きい「膜構造」は，小さく畳んで，あるいは限られた狭い隙間に押し込むような収納方法に向いています。

膜構造は地上でも広く使われています。先のキャンプ用品では，携行品の軽量化に加えてコンパクトにするための工夫が随所にみられます。布でできた衣類も広い意味では膜構造とみることができます。用途に応じた機能や性能を付与しやすいのも膜材料の特徴です。通気性を良くしたり，保温効果を高めたり，吸汗蒸発をしやすくしたり，紫外線をカットしたりと，いまではさまざまな機能を付与した布地が開発されています。また，積層（ラミネート）をしたり，コーティングをしたりして容易に性能や機能を向上させることもできます。

宇宙で膜材料を使った典型的なものは，人工衛星の多層断熱材（ＭＬＩ）です。数ミクロン（μm：マイクロメートル）の薄い金属蒸着フィルムを十層程度積層した，いわば人工衛星に着せる服です。この服は，太陽の強い光に照らされても，人工衛星に熱が入らないようにし，また，太陽光があたらないときには，今度は人工衛星を保温するために中の熱を外に逃がさないようになっています。いわば、真夏でも真冬でもオールマイティに使える服で、人間と違って着替えることが難しい人工衛星ならではの工夫です。ここで使われているような金属蒸着フィルムを全面に使ったのがソーラーセイルの膜面です。この場合は、積層する必要がないので薄い膜材料一層で作ります。後述するサンシェードは、この多層断熱材と同じ原理を使ったものです。火星の大気で減速するパラシュートや、スペースシャトルが着陸するときに減速させるのに使用したパラシュートも、膜構造の典型的な例です。また、小型衛星では、ミッションが終了した後で、より早く軌道高度を落とし、大気圏に突入させて燃やすために、大きな膜面を展開することが行われます。このような膜をデオービット膜と呼んでいますが、低軌道にわずかに存在する気体分子を使った効果的な軌道離脱方法です。

このように、柔軟でコンパクトに折り畳める膜材料は、宇宙でも大活躍しています。一方で、その折り畳みの方法は、よく折り紙との類似性が指摘されます。折り紙を宇宙構造物に応用するという研究も行われていますが、折り紙との違いとして、宇宙では自動的に膜面を展開させるシンプルな仕組みを組み込む必要があるということです。四辺形に展開する膜面を、その対角線方向の二か所を引っ張るだけで展開させることができる「ミウラ折り」が有名ですが、これももとは宇宙用展開構造として考案されたものです。展開図をもとに、自分で紙を折って作ることもでき、また、地図やギフトボックスなどでも採用されています。

宇宙インフレータブル構造の登場

膜材料は、小さく畳んで、大きく広げるのには適していますが、先に述べた「どうやって広げるか」と、「広げた状態をしっかり維持する」ことが大きな課題です。広げるためには、展開力を発生させることが必要ですが、これまでのばねやモータ、ギアに変えて、気体の内圧を利用するのが宇宙インフレータブル構造です。気体を使うので、膜材料には気密性が必要ですし、平面の膜一枚というわけにはいかず、袋状に作らなければなりません。風船を膨らませる要領で膨張展開をさせます。ただし、通常は内圧によって大きく形状が変化しないように、また、膜面に大きな張力を発生させるために、あまり伸びない膜材料を使用します。また、袋は膨らませると球になろうとする性質があるため、球と円筒の形状は作りやすいのですが、それ以外の形状は、膜面以外にも張力を受け持つケーブル材料を併用して、形状を拘束する必要があります。

この膜材料や、ケーブル材料もですが、一般には張力材料と呼ばれるものです。これは、張力を与える、つまり、引っ張ることで形状が安定します。引っ張る方法には、回転させて遠心力を発生させる、あるいは周囲を均一に放射方向に引っ張る、などの方法があります。前者は、5章の写真10に示したソーラーセイルのＩＫＡＲＯＳで使われている方法で、つねに回転させるような使い方に用途が限定されます。後者では、引っ張った先を別の構造部材に固定する必要があり、それには今度は張力とつり合わせる圧縮力が作用します。この圧縮力に耐えることがその支持構造に要求され、おもにかたい棒状の部材や、円環や角環などのフレーム構造が使われます。しかし、せっかく膜材は小さく畳めても、これらの支持構造が嵩張るのでは意味がありません。そこで、これを先に述べたようにヒンジを使って折り畳み式にしたり、伸縮式にしたりして、コンパクトに畳めるようにしています。

このようなフレーム状の部材を作る方法に宇宙インフレータブル構造技術を応用するのが効果的です。この場合、圧縮力を受けもつには、膨張展開後に膜材を硬化させる、膨張展開後に内圧を維持し続ける、といった方法があります。インフレータブルチューブは、それ単独でも使用できますが、フレーム状の支持構造を作る際の基本パーツにもなります。前者は、硬化させれば、これまでのかたい構造部材と同様な使い方ができます。また、長期間の使用で気体が抜けても、あるいは温度変化が生じても形状変化を小さくすることができます。後者は、内部の気体が圧縮部材として働きます。内圧を維持しつづける必要はありますが、用途や膜面の構成によっては有力な方法になります。

性能の向上や使用する周波数により、大きくすることが必須になるアンテナのみならず、宇宙に輸送する際の収納場所が限られている場合や、複数の探査機を同時に運用するために一台当りの質量に制限があるような場合、おもに薄い膜材料で構造体を構成する膜構造や宇宙インフレータブル構造は有効な手段になります。また、宇宙では、展開を自動化しなければならず、また、展開させるための仕掛けをコンパクトかつ高信頼にしなければならないので、これらの技術が注目されています。また、開発コストが大きくなりがちな大形宇宙構造物においては、シンプルな宇宙インフレータブル構造は低コスト化の効果が期待できます。このため、膜構造技術や宇宙インフレータブル構造技術については、近年国内外で活発に研究開発が進められています。

ふわりと開くメッシュ反射鏡アンテナ

メッシュ反射鏡アンテナを搭載した人工衛星

2章の写真5に示した電波天文観測衛星ＭＵＳＥＳ-Ｂ「はるか」や、5章の写真8に示した技術試験衛星Ⅷ型「きく8号」（ＥＴＳ-Ⅷ）は、やわらかな材料の一種である金属メッシュを反射鏡に使ったアンテナを搭載した人工衛星です。いずれもパラボラ形状の反射鏡を作らなければならないのですが、その方法が異なります。

ＭＵＳＥＳ-Ｂ（はるか）に搭載された電気的開口径が約八ｍのスペースＶＬＢＩ用のメッシュ反射鏡アンテナでは、金属メッシュの上に設けたノードに接続したタイケーブルと、ケーブルテンショントラス構造と呼ばれる剛性が高いケーブルの集合体と、鏡面形状の調整をやりやすくするための剛性が低いケーブルネットワークが組み合わされて使われていました。さらに、放射状に伸展し、展開中に加えて展開が完了した後では特に大きな圧縮力を受け持つことになる六本の伸展マストには、展開の過程の最後に、てこの原理を使ってケーブルに大きな張力が与えられる工夫がなされていました。開発中のMUSES-B（はるか）搭載アンテナを写真13に示します。このような方法により、金属メッシュを使ったアンテナ反射鏡としては、きわめて高い周波数であるKaバンド（約二二GHz）での計測をも可能にしました。

ETS-Ⅷ（きく8号）は、テニスコートほどの大きさがあるともいわれている、電気的開口径が約一三mのメッシュ反射鏡を送信用と受信用に二面搭載した非常に大きな衛星です。写真14に示すこの衛星の反射鏡は、これまで述べてきたメッシュ反射鏡アンテナですが、Lバンドに比べてより高い精度が必要になるSバンド（二・四GHz帯）で使用され、また、マルチビーム衛星通信用でもあります。マルチビーム衛星通信では、限られた資源でもある周波数を有効に利用するために、離れた場所で使う複数のビームで同じ周波数を繰り返し使います。そのため、電波の干渉を防ぐ必要があり、通信に必要なビームの本来の方向での利得を達成することのほかに、それ以外の方向への電波の漏れ（サイドローブという）を抑えることも必要になります。このため、反射鏡の鏡面形状の設計が難しくなります。

どのようなメッシュ材料が使われているのか

移動体を対象とした静止通信衛星や深宇宙探査用のスペースＶＬＢＩで使われるアンテナは、４章でも述べたように宇宙用としても大形化が求められる典型的な例です。特に、回転放物面からな

写真 13　MUSES-B（はるか）に搭載されたメッシュ反射鏡アンテナ〔提供：JAXA〕

写真 14　ETS-Ⅷ（きく８号）のメッシュ反射鏡アンテナ〔提供：JAXA〕

る反射鏡は、必要とされる鏡面精度（おもに使用する周波数や指向方向の精度で決まる）で軽量に作る必要があるため、これまでにさまざまな工夫が凝らされてきました。金属の繊維を編んだメッシュ（金属メッシュ）は、このような用途で使える材料の一つです。

電波を反射させるために、反射鏡の表面は電気を通す導体である必要がありますが、電波の周波数で決まる波長λ（$\lambda = c/f$：cは伝搬速度 約3×10^8 m/s、fは周波数 Hz）を考慮して、電波が漏れず（透過せず）に反射するメッシュ状の材料でも使えます。例えば、電子レンジの扉のガラスには、メッシュ状の金属の板が重ねて取り付けられています。電子レンジは、内部のマグネトロン（電磁波を発生させる装置）で約二・四 GHz の電磁波を放射するので、それが電子レンジの外に漏れては困ります。電子レンジの本体は周りを金属の板で覆って電磁波が漏れないようになっていますが、扉には内部が見えるようにガラスが使われ、内部の電磁波が漏れないようにメッシュ状の金属製の板が重ねられています。先の式で計算すると、二・四 GHz の電磁波の波長は約一二・五 cm です。波長の約五十分の一以下のメッシュにすれば、電磁波は通過せずに反射するので、約二・五 mm 以下のサイズのメッシュ（実際には安全側に余裕をもってさらに小さくしている）になっています。こうして、電子レンジは電磁波を庫内に閉じ込めておくのですが、アンテナでも同じ原理でメッシュ状の導電材料が反射鏡に使えます。

メッシュ材料には、モリブデン（Mo）という金属の細い糸に金めっきを施し、それをトリコット編みという編み方で編んだ物などが使われます。編み物（ニット）なので、引っ張る方向がいろいろでも、自在に形が変わり皺《しわ》が生じにくい特徴があります。編み物に似たものに織物がありますが、この場合は、引っ張る方向が同じなら良いのですが、曲面にするにはいくつかの布切れ（ゴア）を縫い合わせないと、皺が入ってしまいます。毛糸を連続して編んでほぼ一体品として形成した編み物であるセーターと、織物である布切れを縫い合わて作ったシャツの違いであり、金属メッシュはセーターと似た方法で、この性質を利用して、うまく張力を与えて回転放物面の形を作ります。

メッシュ反射鏡アンテナはどのように展開するのか

メッシュ反射鏡アンテナは、メッシュ材料やケーブル材料がすべて張力部材なので、そこで発生させる張力につり合わせるために、ほかに圧縮部材が必要になります。圧縮部材を、なるべく少ない材料で軽量に作ろうとすると骨組み構造になります。この折り畳み式骨組み構造には、身近なものに傘があります。普通の長傘を一段の折り畳み式とするならば、二段、三段と折り畳みの段数が多い折り畳み傘のほうが折り畳んだ時の全長を短くできます。しかし、傘としての強度が同じ（骨の太さや本数が同じ）ならば、ヒンジやラッチ機構の分だけ（ヒンジを設けた場合でもヒンジがない場合と同じ骨の強度とする）傘の質量は大きくなります。じつは、米国では以前このような傘の骨によく似たLバンド（一・六 GHz 帯）で使用する展開式のメッシュ反射鏡アンテナが開発されていました（文献[6]）。傘では、骨を適度に湾曲させて、傘の布地に十分な張力を与え、風などで傘が変形しないようにすれば良いのですが、メッシュ反射鏡は、精度良く回転放物面を形成してやらなければなりません。そのために、図6に示すように、メッシュ材の上のポイント（これをノードと呼ぶ）にケーブルをネット状に取り付けて、そのケーブルネットを別のケーブルで引っ張るということをします。じつは、このノードやケーブルの組合せ（ケーブルネットワークという）で、メッシュ反射鏡の形状や精度が決まってしまい、その調整も含めた組立が一番の難所になります。折り畳み式骨組み構造には、そのケーブルネットワークの固定点を与えるという基本的な機能と、そのうえさらに自分自身には軽量でかつ確実に展開できるという機能を持たせなければなりません。

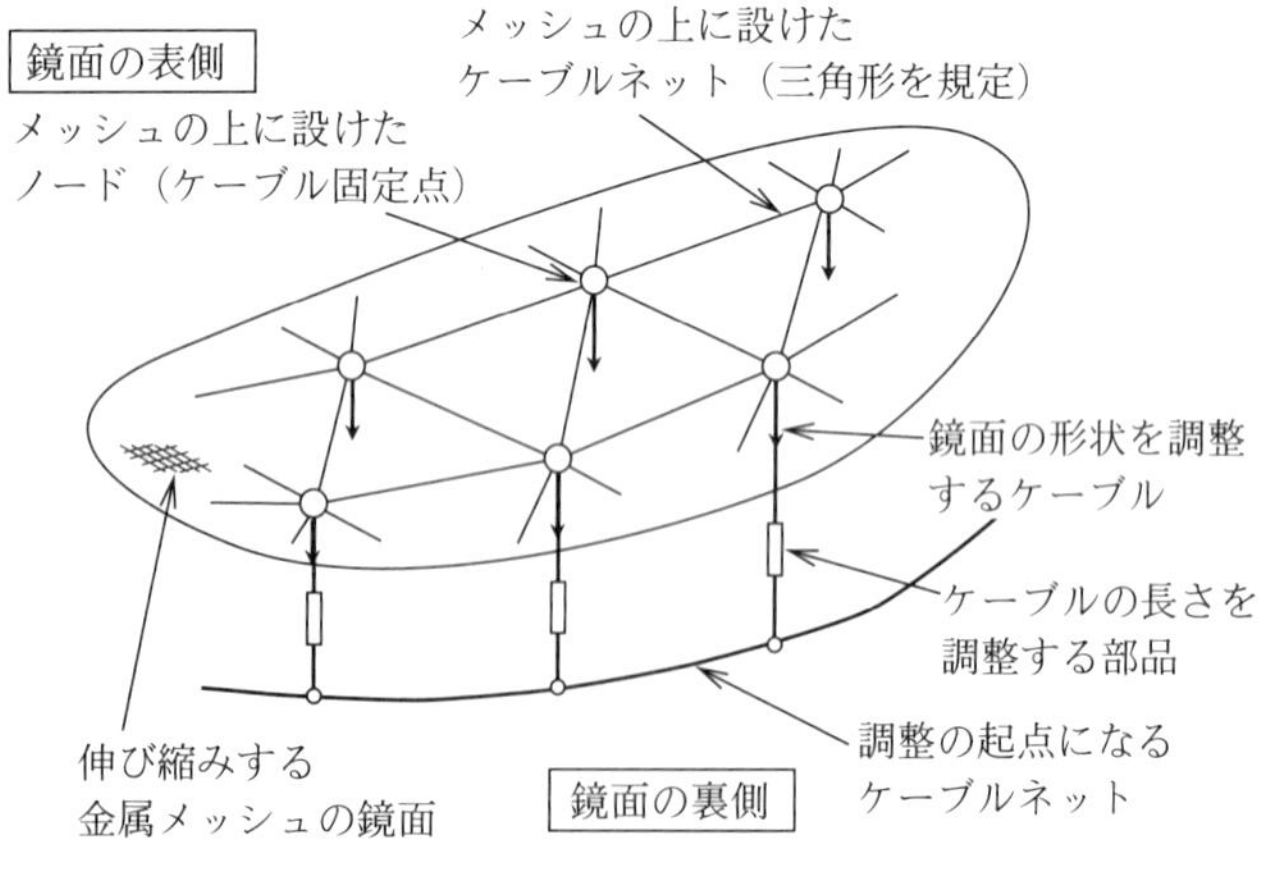

図6　やわらかな金属メッシュをパラボラの形状にする方法

傘とはまた異なる折り畳み式骨組み構造を使ったメッシュ反射鏡アンテナもあります。圧縮部材である折り畳み式骨組み構造を反射鏡の外周だけに配置し、内部に膜構造であるメッシュ反射鏡を形成したもので（文献[7]）、イメージとしては折り畳めないことを除けば遊具のトランポリンや楽器の太鼓に似ており、図7に示すような方法で反射鏡をパラボラ形状にしています。これも先の例と同じLバンド用のアンテナなので、同程度の鏡面精度での使用が想定されていました。

膨らませてアンテナに
——宇宙インフレータブル構造

メッシュ反射鏡アンテナは、ケーブルによって張力を与えて反射鏡を構成し、その張力を支えるために折り畳み式骨組み構造が使用されていましたが、一方

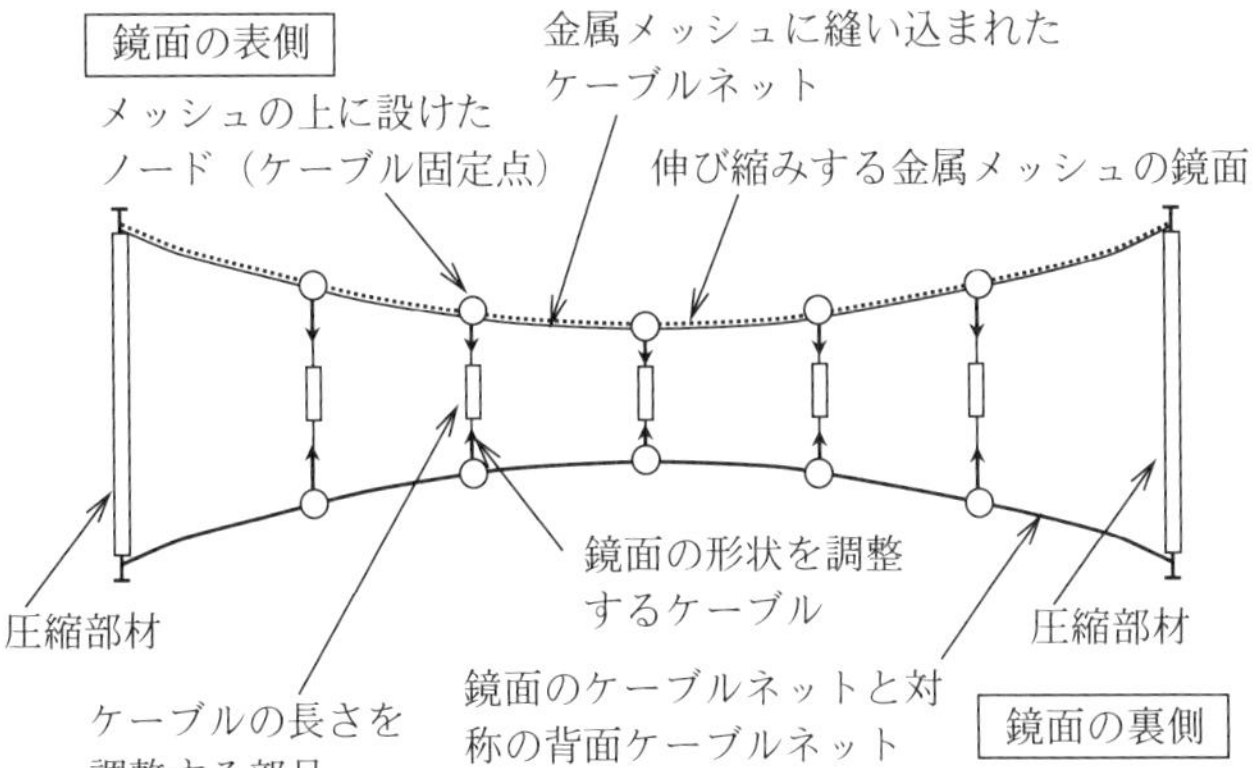

図7　鏡面側と背面側を対称形にした鏡面の構成

で、袋状にした膜材を膨らませて反射鏡を構成するインフレータブル構造（膨張膜構造）のアンテナがあります。メッシュ反射鏡アンテナでは、金属メッシュの上にノードを配置しており、そのノードの三点で囲まれる面は平面でしたが、インフレータブル反射鏡は、気密性を有する膜材で袋状の構造体を作り、内部に導入した気体の圧力で、図8に示すように外側に凸形状となるようにしています。袋状の構造体を構成する膜材を複数のゴアを接合して作れば、実際のパラボラ面の形状に近づけることができ、鏡面形状の近似精度を向上させることができます。このように、反射鏡の形状精度の点では向いているのですが、インフレータブル式にするための技術課題もあります。特に曲率を持った反射鏡を実現するために、さまざまな工夫が試みられてきました。

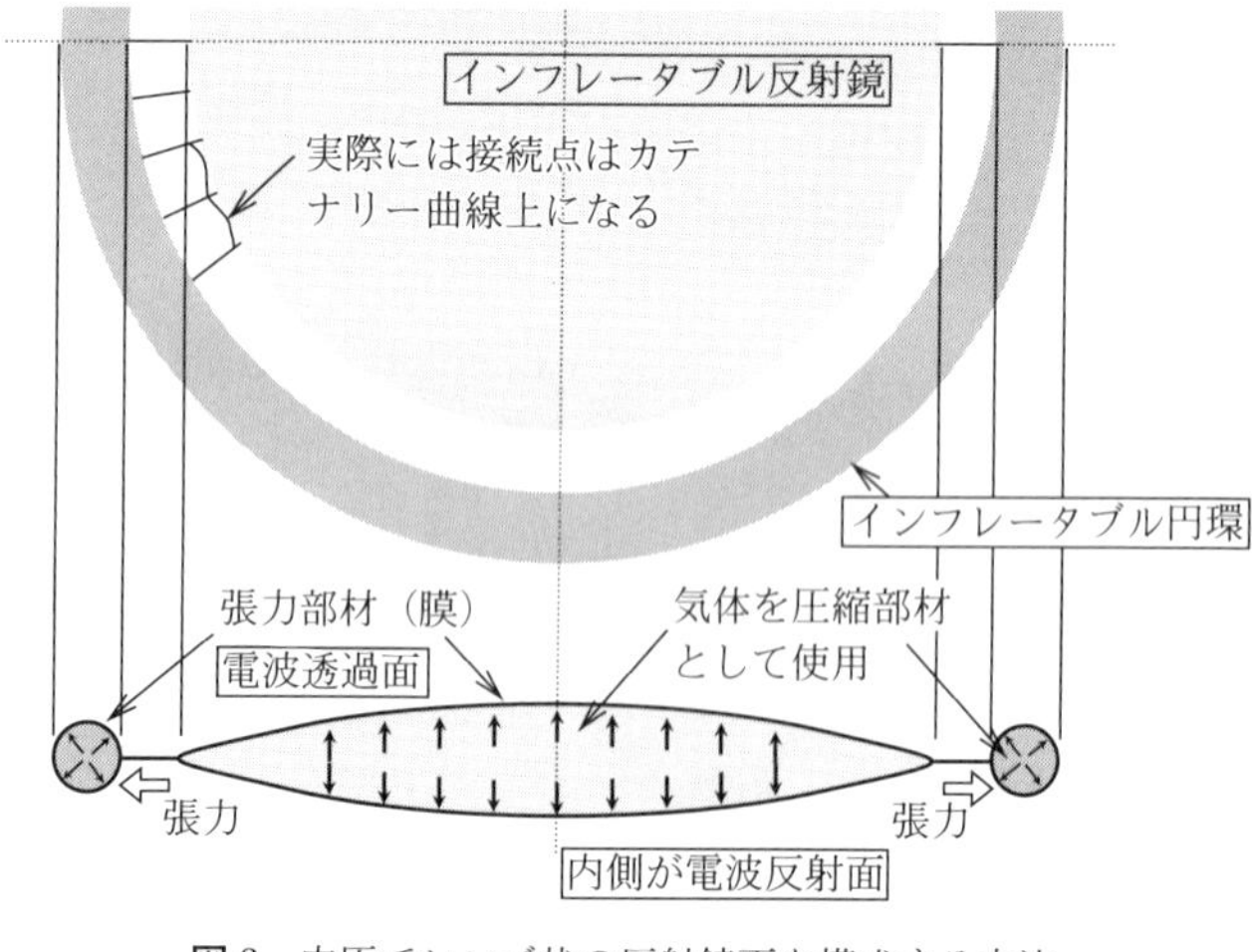

図8　内圧でレンズ状の反射鏡面を構成する方法

エコー衛星

写真15に示すエコー衛星は、インフレータブル構造で作られた世界で最初の電波反射体です。これは、単に電波を反射するだけの反射球体で、アンテナとは異なりますが、一四、〇〇〇m^3もの体積のインフレータブル構造を、一九六〇年に世界で初めて宇宙で実現したのは画期的なことでした。エコー衛星は、1号機（エコー1）が一九六〇年に、2号機（エコー2）が一九六四年に低軌道に打ち上げられ、それぞれ直径が三三m、四〇mありました。エコー1は収納時の寸法が〇・六六m、質量が六一kgとのことですので、直径で約五十分の一の寸法に、また、体積では約一二万五千分の一に畳めていたことになります。

この衛星は、厚さ一二μmのアルミニウム蒸着ポリエステルフィルムを接合して作られていました。金属を蒸着した薄い樹脂フィルム（金属蒸

写真15　最初の巨大なインフレータブル構造（エコー衛星）〔©NASA〕

着フィルム）は、先に述べたメッシュ材料と同様に、アンテナの反射鏡を作ることができる膜材料です。このフィルムは、厚さ一二～五〇μm程度の樹脂製のフィルムに、二〇〇〇Å（〇・二μm）程度のアルミニウムを蒸着して作ります。樹脂製のフィルム材料は、張力に対しては抵抗を示しますが、圧縮や曲げに対しては容易に座屈をします。張力を与えるということは、圧縮力をどこに（なにに）持たせるかということが重要になります。金属蒸着フィルムを使った反射鏡は気密性が高いので、風船のように気体で膨らませれば、内部の気体を圧縮部材として使うことができます。つまり、内圧で金属蒸着フィルムに張力を与えることができます。

エコー衛星はほぼ球形状になっていますが、この球形状というのが自然体で作りやすいことはすでに述べました。ポリエチレン袋の口を塞いで膨らませたり、シャボン玉を作ると球形状になろうとします。これは、球では膜のどの位置でもどの方向でも膜応力が同じになるためです。しかし、実際にはポリエチレン袋は、もともとのシートの形が四角形でまちもなく溶着されているので、溶着されている部分の近くに皺が発生します。これは膜が伸びにくいからで、もし膜が大きく伸びれば皺が生じるような形状不整は自動的に解消され、ゴム風船のようにほぼ球に近い形状になっていきます。その典型的な例がシャボン玉で、液体の膜は薄く伸びるので、風などの外力が小さければ大きな球形状のものが作れます。エコー衛星では、膜材自体は伸びにくい材料を使っているのですが、最初から球形状になるようにゴアを切り出して接合しているので、写真15に示したように皺が見えないきれいな表面が得られています。エコー衛星では，かなり大規模なものを，このようなシンプルな構成方法で実現することができましたが，実用性が低かったため，この後，電波反射体としての球形状の宇宙インフレータブル構造が実用化されることはありませんでした。

集光鏡

反射鏡を使うと太陽光を効率良く一か所に集めることができます。これを集光鏡といいますが，この用途として想定されているものに，宇宙太陽光発電システムと宇宙探査機用の太陽熱推進機があります。太陽光をうまく反射させて集めるというのは同じですが，両者の規模はまったく異なります。前者の宇宙太陽光発電システムは，数百mから数kmという，非常に大きなシステムです。これだけのものを宇宙で一度に作ることはできませんから，何回かに分けて宇宙に輸送し，宇宙で結合して大きなシステムにしていきます。したがって，一つひとつのユニットは，せいぜい数十m程度の大きさのものになるでしょう。寸法が非常に大きいので，全体で一つのパラボラ反射鏡を作るというよりも，複数の一定サイズの平面鏡をユニット単位に角度を設定して集合配置し，一か所に太陽光を集め，そこで太陽電池により光を電気に変換することも考えられます。後者の太陽熱推進機も原理は同じで，やはり一か所に太陽光を集め，太陽電池で光を電気に変換したり，熱電変換素子で太陽熱を電気に変換して，それをイオンエンジンなどの電力に使用して宇宙機の推進力を得ます。このような用途で使う反射鏡は、軽く大きくしなければならないので、アルミニウムを蒸着したポリエステルやポリイミドのフィルムを使ったインフレータブル構造が有力な候補になります。

パラボラアンテナの反射鏡

前述した集光鏡の仕組みは、そのままパラボラアンテナの反射鏡としても使えます。むしろ、通信などで使う電波は太陽光よりも波長が長いので、鏡面精度への要求は太陽光の場合ほど厳しくありません。太陽光を反射させることができる金属蒸着フィルムは、そのまま電波の反射に使えます。このような材料を使って開発された代表例として、写真16に示すＩＡＥ96で使用されたアンテナ反射鏡があります。

ＩＡＥ96は、一九九六年五月にスペースシャトル（ＳＴＳ-77）から放出されたSpartanという衛星を使って、ＪＰＬとＮＡＳＡにより行われたインフレータブル反射鏡アンテナの宇宙における初の展開実験です（文献［8］）。このアンテナは、直径約一四ｍのレンズ形のインフレータブル反射鏡と、周囲に配置された直径約六一cmのインフレータブルチューブで構成された円環と、その円環を支持する長さ約二八ｍで直径約四六cmの三本のインフレータブルチューブで構成されていました。反射鏡は、その内部に窒素ガスを導入して内圧を発生させ、それを圧縮部材の代わりに使用します。そのままでは、前述したように球形状になろうとするので、円周に沿って法線方向にケーブルで張力を与えます。その張力に対してつり合う圧縮力を受け持つのに、先に述べた寸法の円環を使用しています。これらをすべて約二m×一m×〇・五mの寸法の直方体の箱（質量は約六〇kg）に収納し、衛星に搭載していました。このときの宇宙展開実験の様子は、当時のニュースでも取り上げられました。

さらに大きなアンテナ反射鏡が必要になったとき、集光鏡と同様にそれを一体で作るのには限界があり、宇宙インフレータブル構造でも、直径数十m程度が限界でしょう。したがって、直径が一〇〇～数百mとなると、小規模なユニットを宇宙で結合して大きなアンテナ反射鏡を構成することになります。

写真16　インフレータブ反射鏡の宇宙での展開実験（IAE96）〔©NASA〕

コラム3　インテリアにもなる金箔アンテナ

ポテトチップスの袋でも、アンテナ反射鏡が作れることはすでに述べました。導電性の膜材であればアンテナ反射鏡が作れるので、究極的に軽い材料ということで金箔に注目しました。金箔は日本の伝統工芸の中で古くから使われてきましたが、金を薄く延ばすのは、まさに職人技で、薄さ〇・一μmともいわれています。これをうまく貼ってアンテナ反射鏡を作ることができます。

型は、先のポテトチップスの袋のときと同様に市販のBSアンテナ反射鏡をもとに、紙粘土や和紙の重ね貼りで作ります。インテリアとしての味を出すなら和紙が良いかもしれません。地上の重力環境下において、自重で撓《たわ》まないように、必要に応じてリブなどで補強をします。このあたりは、軽量化と曲がりにくさを追求すると勉強になります。ここまでくれば後は、工芸品を作るかのごとく、金箔を貼っていきます。そうすると、金色のとてもきれいなアンテナ反射鏡ができます。実際に学生が作って、安全性を考慮して夜間に受信実験を行いましたが、正常に受信することができました。雨にあたるとだめになりそうですが、屋内の窓際に置いて受信実験をするのであれば十分に使えます。

写真　金箔アンテナ

インフレータブルチューブでアンテナをまっすぐ伸ばす

スピン軸方向にアンテナを伸ばす

一九九二年に打ち上げられた観測衛星に、磁気圏尾部観測衛星GEOTAILがありましたが、さらに詳細な観測を行うために、複数の衛星による編隊飛行により、地球を取り巻く宇宙プラズマの構造を立体的に観測する方法が構想されました。この衛星は、構成が単純なスピン安定型衛星とし、衛星から、回転面内方向に加えて新たにスピン軸方向に観測用のアンテナを伸ばします。回転面内方向にケーブル状のアンテナを伸ばすのは、回転による遠心力を利用してケーブルに張力を与えれば容易にできます。しかし、スピン軸方向にアンテナを伸ばすのは非常に困難です。回転している「こま」の回転軸の方向にどんどん長くなるアンテナを取り付けるようなものです。アンテナが多少でもやわらかい（剛性が低い）と回転が不安定になり、すぐ「こま」が倒れてしまいます。衛星の場合は、姿勢が乱れて最悪の場合はアンテナが折れてしまいます。

これを避けるために、容易には曲がらないような頑丈なアンテナにすると、今度は質量が非常に大きなものになってしまいます。そこで、スピン軸方向に伸展する軽量で曲がりにくい（剛性が大きい）ロッド状のアンテナが必要になります。一方、編隊飛行をさせる複数の衛星を一度に打ち上げるので、比較的厚さの薄い（平たい）衛星を積み重ねてロケットのフェアリングに収めることになります。つまり、アンテナを畳んで収納したときに、薄い衛星構体の中に収めなければなりません。このような収納形状への制約を考え、また伸展後だけでなく伸展中も含めて許容範囲内にぶれ変形を収められる伸展アンテナは、インフレータブルチューブの応用により実現できます。

インフレータブル式アクチュエータ

スピン軸方向にアンテナを伸展させる際の伸展力を発生させるのに、インフレータブルチューブをアクチュエータとして使用する方法が効果的です。こうして試作されたＳＰＩＮＡＲ（SPace INflatable Actuated Rod）の初期試作品を写真17に示します（文献[9]）。通常は展開力を得るのに、ばねやモータが使われますが、ばねの場合はばね力を大きくしようとすると質量が増えますし、モータも展開力を大きくしようとすると減速するためのギアの質量が増加します。また、モータでは、電源装置や制御回路、保温用のヒータなどの付加物が増えます。インフレータブルチューブをアクチュエータとして使用する方法では、気体（宇宙では窒素ガスを使用）の圧力を使ってシンプルに展開を行うことができます。インフレータブルチューブは伸展だけに使われるので、伸展が完了した後では内圧が失われても、ＣＦＲＰ製の円筒形状の構造物としての剛性を維持することができます。このインフレータブルチューブは、伸展させるときだけ機能すれば良いので、宇宙環境での長期間の耐久性や使用中の経年劣化を考慮した設計が不要となります。写真では内部に入っていて見えませんが、インフレータブルチューブ（アクチュエータ）は、ポリ袋でも使われるポリオレフィンフィルムで作られています。伸展の原理そのものは、ソーセージを作る際に使われる充塡機に似ています。空気を入れることにより、内部で膨張して伸びていくインフレータブル式アクチュエータにより、軸に巻かれたＣＦＲＰ製のロッドアンテナが伸展していきます。

この技術を応用した発展型のＳＰＩＮＡＲの宇宙での伸展実験が、ＳＩＭＰＬＥ（Space Inflatable Membranes Pioneering Long-term Experiments）プロジェクトチームにより二〇一二年八月十七日に行われ、世界で初めて高剛性な直線形状を実現したインフレータブル伸展マスト（Inflatable Extension Mast：ＩＥＭ）の伸展実験に成功し

写真 17　インフレータブル式アクチュエータで伸展するロッドアンテナ（SPINAR）の初期試作品〔提供：宇宙科学研究所 樋口健教授〕

ました。この実験では、二〇一二年七月二十一日に、H-ⅡBロケットで打ち上げた宇宙ステーション補給機「こうのとり3号機」（HTV3）で国際宇宙ステーションに輸送し、八月九日に船外実験プラットフォームに取り付けられた後に、地上からのコマンドで伸展されました。その伸展のときの様子を写真18に示します。伸展完了後の軌道上での長期間の特性評価実験から、インフレータブル式アクチュエータを使った伸展構造物の宇宙での構造特性の妥当性が明らかになりました。

展開構造物の研究開発では、解析やシミュレーションに加えて、展開実験が欠かせません。しかし、宇宙環境のように重力の影響を小さくできる環境を地上で実現するのは、なかなか難しいことです。この宇宙実験に先立ち、SPINARでは、写真19に示すように、航空機のパラボリックフライト（放物線飛行）による微小重力環境実験が行われ、全長が約二・三mの細長い供試体をスピンさせながら伸展させ、ビデオカメラで撮影した動画データをもとに解析し、伸展中および伸展完了後の剛性が評価されました（文献[10]）。その後、国際宇宙ステーションの日本実験棟JEM「きぼう」を使った実験の機会を得ることができ、先の国際宇宙ステーションでの宇宙実証「宇宙インフレータブル構造の宇宙実証（SIMPLE）」の実施に至りました。大学や宇宙ベンチャー企業の研究者・エンジニアを中心にJAXAスタッフの強力な支援のもとで、宇宙実験用装置の開発が行われ、二年間にわたる軌道上での実験が成功裏に実施されました。

（1） 伸展前

国際宇宙ステーションのロボットアームに取り付けたカメラで撮影。背景は地球。

（2） 伸展中

先端の四角い箱の中には、軌道上で構造特性を測定するためのセンサやカメラが入っている。マストの表面の皺は、内部のマストを保護するためのカバー。したがって、マストは見えない。

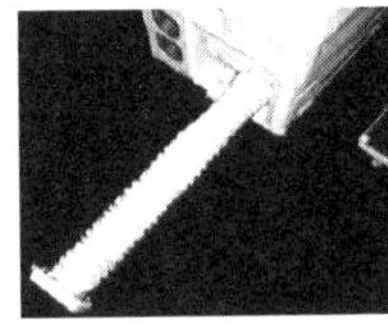

（3） 伸展完了

伸展は気体を送り込んで、約1時間かけて行う。したがって、伸展中に背景の地球は夜になった。寸法にゆとりを持って作っているので、伸展が完了してもカバーの皺は残る。

写真 18 宇宙インフレータブル構造の宇宙実証
〔©JAXA、東京大学、SIMPLE 共同研究開発チーム〕

写真 19 航空機の微小重力環境における SPINAR の伸展実験
〔提供：宇宙科学研究所 樋口健教授〕

インフレータブルチューブで支持した膜面による平面構造物

インフレータブルチューブは、硬化させるか内圧を維持し続ければ、圧縮部材として利用できます。そうすれば、インフレータブルチューブを使って膜やケーブルを引っ張ることができ、非常に簡便な方法で、大面積の構造物を作ることができます。宇宙空間で必要になるこのような大面積の構造物で、まず思いつくのがサンシェードあるいはソーラーシェードと呼ばれる日除けです。また、太陽の光による圧力を大きな面積で受けて推進力に変えるソーラーセイルでも、非常に大きな面積の帆（セイル）を広げなければなりません。これらは膜に張力を与えて帆を作る必要があるために、その支持部材にインフレータブルチューブを圧縮部材として利用できます。平面で大きな面積が必要な構造物の典型的な例は太陽電池アレーです。太陽電池の効率に限界がある以上、大きな発生電力を得ようとすると、太陽電池の面積を大きくするか、あるいは前述した集光鏡で太陽の光を集めることが必要です。なお、パラボラ型のアンテナ以外に、平面アンテナの一種である合成開口レーダー（SAR）があります。合成開口レーダーは、多くの地球観測衛星で使われているアンテナの一種ですが、衛星が低軌道を航行しているので、航行方向に対して直交する方向に細長い形状のアンテナが必要になります。

宇宙で日傘を広げる

宇宙空間でサンシェードが必要になる典型的な例に、宇宙望遠鏡があります。ジェイムズ・ウェッブ宇宙望遠鏡などの高性能な望遠鏡では、レンズとセンサ（観測情報を電気信号に変換する部品）に対する温度条件が厳しく、特に高温になるとレンズを含む光学系の変形により像のひずみを発生させます。また、センサでは電気的なノイズが増えるため、これも観測画像を劣化させる原因になります。約マイナス二七〇℃の宇宙空間は冷却には非常に適していますが、太陽の光があたる面では高温に熱せられるので、太陽光があたらないようにサンシェードで日陰を設ける必要があります。地球上では、空気による対流があるため、暑ければ扇風機を回したり扇子で仰いだりしますが、宇宙空間ではほぼ真空なのでこの方法は使えません。サンシェードは、私たちが使う日傘と同じ原理を使います。日傘は、大きく広げて太陽の光を遮り日陰を作るのと同時に、その生地自体に赤外輻射《ふくしゃ》率が小さい素材を使用して、輻射により人が熱せられにくくしています。宇宙で使われるサンシェードもこれと同様で、図9に示すように望遠鏡に対して直接太陽の光を遮ることと、太陽光で熱せられたサンシェードからの輻射伝熱を低減する役割があり、そのために薄い膜材を数層重ねたような構成になっています。

サンシェードは、十分な面積の膜材を太陽の方向に広げ、その状態を長期間にわたって維持する必要があるので、それを支持する構造物には圧縮力を受け持たせる必要があります。この用途では、アンテナのような高い寸法精度は必要ないので、形状が安定的に維持できる程度の張力を膜材に与えます。このため、支持構造である圧縮部材の構造性能の負担は減りますが、信頼性・耐久性・開発コストなどの要求条件をクリアできる支持構造が要求されます。

従来の構造技術の延長として、CFRP製の円筒部材をヒンジで接続した折り畳み式骨組み構造があります。しかし、収納場所の寸法や形状が限定されていたり、展開で使える電力が厳しく制限されたりする場合は、また別の方法を考える必要があります。このような背景から、JPLとNASAにより三二m×一四mのサンシェードが開発されてきました（文献[11]）。これは、中央の格納箱からインフ

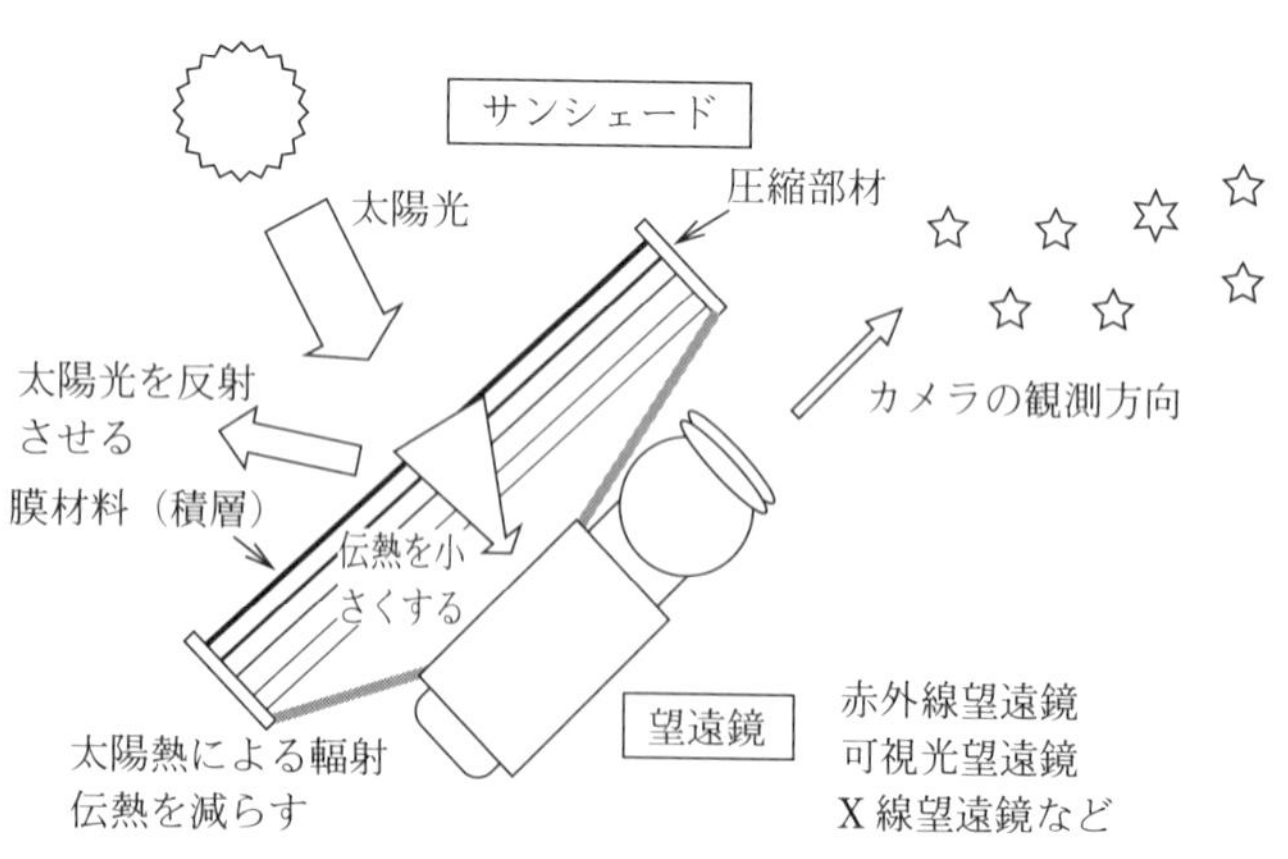

図9　宇宙用の望遠鏡のサンシェード

レータブルチューブを四方向に伸展させ、伸展後にそれを硬化させ圧縮部材として使用します。この場合、収納時はサンシェードの膜材といっしょに中央の箱の中に収めればよく、収納時の形状も、衛星に搭載しやすい形状になります。

太陽の光を推進力に ——ソーラーセイル

先のサンシェードをさらに大形化すると、巨大な膜を広げてソーラーセイルとして使うことができます。ソーラーセイルは、太陽の光子を大きな帆で反射して、そのときの力を推進力に使用した宇宙での推進機です。この場合は、膜材を積層する必要はなく一層だけの超軽量な膜面を使用します。小型ソーラー電力セイル実証機であるIKAROSは、回転による遠心力で膜に張力を与えるスピン型ですが、スピンをさせないで膜を張ろうとすると、これまでも述べてきたように圧縮部材が必要です。NASAで開発されている圧縮部材を使ったソーラーセイルを写真20に示します。この図にある対角線状の四本の伸展マストが圧縮部

写真20　圧縮部材を使った開発中のソーラーセイル〔©NASA〕

材になります。先のサンシェードと同じように、従来の構造様式の伸展マストに加えて、ここでもインフレータブルチューブを使うことができます。ただし、ソーラーセイルの場合は、先のサンシェードに比べると十倍以上面積が大きくなるため、このような伸展マストは、曲がりにくい構造にする必要があります。そのためには、直径を大きくすることが効果的であり、直径を大きくしても折り畳む際には小さく畳めるインフレータブルチューブのメリットがいきてきます。

太陽電池アレー

柔軟に曲げられる太陽電池

太陽電池は、以前はガラスの上に形成した単結晶シリコン型やヒ化ガリウム（GaAs）型が主流でしたが、近年では樹脂フィルム上に形成できるアモルファスシリコン型が増えてきました。現在では、柔軟に曲げられる樹脂フィルムをベースにしたフレキシブル太陽電池も入手が容易になってきており、また、将来的には色素増感太陽電池と呼ばれる可視光を吸収する色素を使った太陽電池の実用化も期待されています。写真21に、市販されているフレキシブル太陽電池の例を示します。これは、厚さが〇・二〜〇・六mm程度あるものですが、この厚さは扱いやすさや耐久性を考慮して決められることが多いので、必要に応じて太陽電池をさらに薄い膜材に実装することも可能です。前述したスピン型ソーラーセイルＩＫＡＲＯＳのセイル膜面の一部にも、このようなフレキシブル太陽電池（写真21とは別のもの）が貼られており、太陽電池で発生した電力でイオンエンジンを動かし推進力を得ていました。いずれにしても、フレキシブル太陽電池の出現は、宇宙用においても膜構造との相性が良く、太陽電池アレーの構成の多様性やその利用分野の拡大を生み出すことになります。

性能と機能の関係でみると、この場合は、これまでの変換効率という性能の向上を目指した製品開発から、変換効率は多少低くても、フレキシブルにして装着性・実装性・収納性といった機能を向上させるということに目を向けた製品へと変化してきています。フレキシブル太陽電池は、単結晶シリコン型や化合物半導体の太陽電池に比べて変換効率は低いのですが、性能を質量当りの発生電力で評価すると、軽量化できた分を性能の向上として勘定することができます。また、性能の評価に「収納効率」も含めると、変換効率が低くても太陽電池アレーとしては総合性能が高いと評価することもできます。

写真 21　一般に市販されている
フレキシブル太陽電池の例

人工衛星用の太陽電池アレー

　太陽電池アレーは、太陽電池を貼り付けた構造物（フィルムでもよい）を広げることで実現できるので、さまざまな構造様式が検討され使われています。人工衛星でよく使われているのは、おもに細長い矩形《くけい》の太陽電池アレーですが、一方向に展開するほうが二方向に展開するより構造が簡単なので、このような形状のものが多く使われています。

　フレキシブル太陽電池を、例えばポリイミドフィルムに貼り付けて、その膜を張ることを考えます。後述する平面アンテナほどの面精度は不要ですが、展開し、その後に形状を維持することは必要です。また、展開後に、あまりやわらかい構造（剛性が小さい）では、重力がきわめて小さい宇宙環境では、ゆ

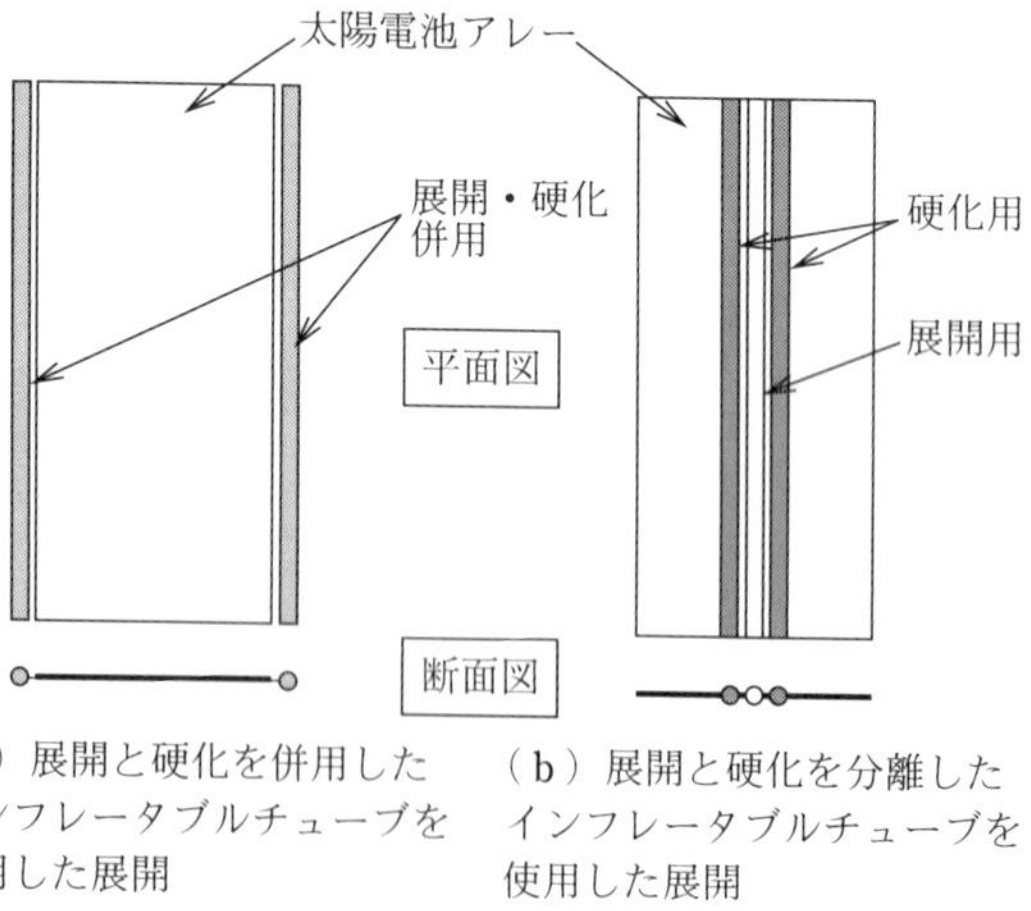

（a）展開と硬化を併用したインフレータブルチューブを使用した展開

（b）展開と硬化を分離したインフレータブルチューブを使用した展開

図 10　インフレータブルチューブで展開させる太陽電池アレー

らゆら揺れてしまい、空気もないためなかなか収束しません。そこで、曲がりにくく、かつ、ねじられにくくする必要があります。そのような観点で検討されてきた太陽電池アレーの構成を図10に示します。

図(a)では、長手方向の二辺にインフレータブル式の伸展マストを配置しています。展開後にねじられにくくするのには良いのですが、離れた二本のインフレータブルチューブの伸展を同期させるのは難しいものです。これに対して、図(b)では、太陽電池アレーを、三本のうち中央の一本のインフレータブルチューブだけで展開させています。両側の二本は、展開するときは引きずられて展開するだけで、展開が終わった後で、両側の二本に気体を導入してそのまま硬化させます。このような、展開と硬化の役割を異なるインフレータブルチューブに分担させることは、インフレータブルチューブの設計のしやすさにつながります。

平面アンテナ　――合成開口レーダー

平面アンテナは、電波を放射する素子（放射素子）を板状の平面の上に分散して配置したものです。そのビームの形や放射する方向は、各素子に送る信号の波の形や強さを電気的に制御することで行うこともできます。このような、ビームの方向を自在に変えることができるアンテナは、レーダー用のアンテナとして古くから使われてきました。衛星搭載用としては、各種の合成開口レーダー（SAR）が豊富な実績を有していますが、基本的にはパネル状の板に放射素子を実装しています。したがって、折り畳みや展開の方法は、屏風《びょうぶ》を展開するように、ヒンジで結合されたパネルを展開する方式をとっています。

平面アンテナでは、放射素子を膜材料の上に実装することができて、それを小さく折り畳める（丸めて収納する）ことができれば、収納効率をいっそう向上させることができます。ただし、太陽電池アレーやサンシェードとは異なり、アンテナでは展開後の膜面の形状精度を高くする必要があります。そのために、アンテナ膜面の周囲をケーブルで引っ張って、膜面に高い張力を与える方法がとられます。

このような観点で、深宇宙通信用としてJPLとNASAによりリフレクトアレー（reflectarray）と呼ばれるものが開発されました（文献［12］）。これは、リフレクター（reflector）とアレー（array）をつなげた用語で、電波を放射するもとの部分は、平面アンテナの膜面上ではなく離れた場所にあります。しかし、放射素子自体は膜面上にあり、ここであたかも電波を反射させるかのようにして放射します。図11に示すように、電力ラインや信号ラインの引き回しが必要な部分を、一か所にまとめることができます。これらは、反射鏡アンテナのメリットですので、このようなメリットをいかしながらも、アンテナの反射鏡を平面形状にできるという、膜構造に適した構成にできます。膜面の周囲をケーブルで引っ張ることで膜面に張力を与え、そのケーブルは圧縮力を受け持つ環状の構造物に接続されています。この環状構造物には、インフレータブルチューブが使われています。

宇宙インフレータブル構造を使った合成開口レーダーもＪＰＬとＮＡＳＡにより研究されていました。形状は先の太陽電池アレーに似た矩形であるものの、アンテナなので使用する周波数に応じた膜面の精度が要求されます。先のリフレクトアレーと同様に、膜面に張力を与えるために、周囲に環状（この場合は長方形）の硬化型のインフレータブルチューブを配置していました。

月や火星で探査ローバーを走らせる

着地時の衝撃を吸収するエアバッグ

一九九七年にＮＡＳＡは、マーズ・パスファインダー

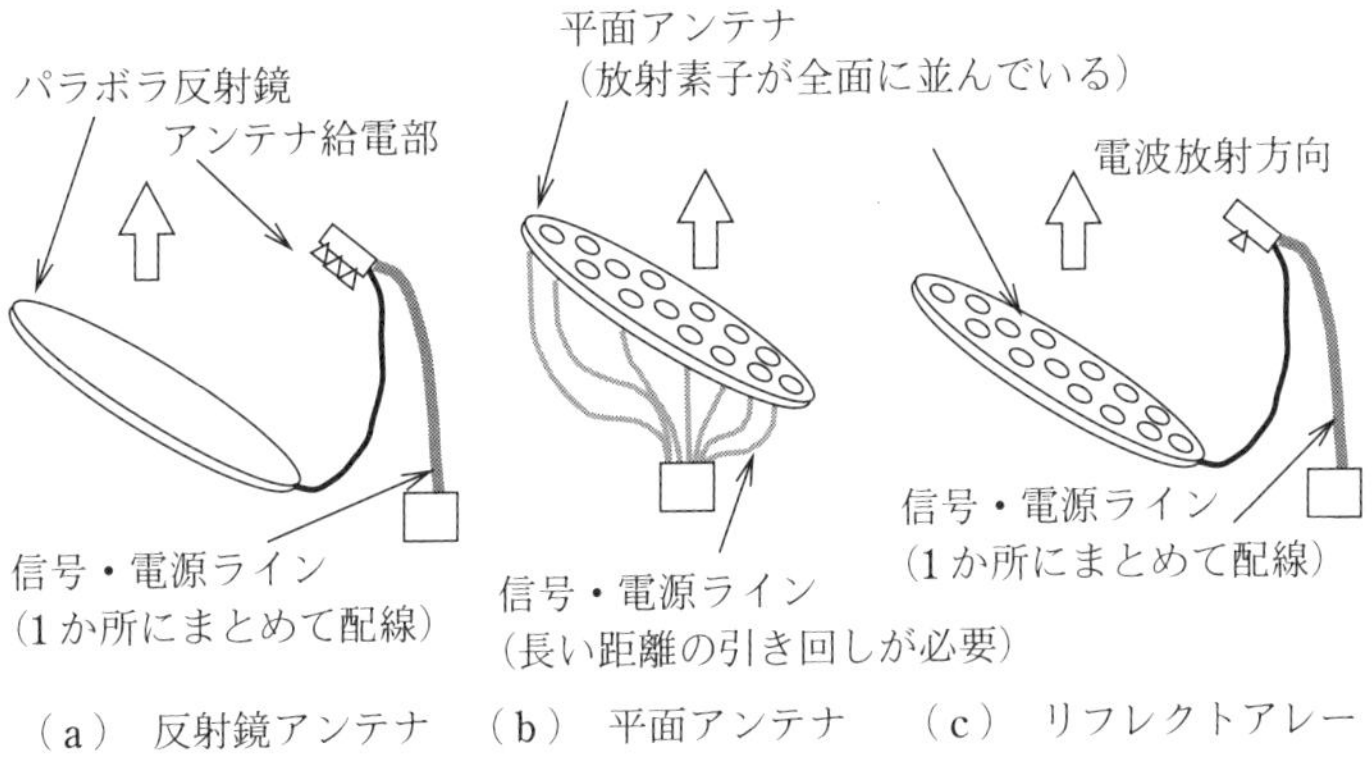

図 11　反射鏡アンテナ・平面アンテナ・リフレクトアレーの比較

で、火星に無人探査用ローバーであるソジャーナを送り込みましたが、これは質量が一〇・六kgとかなり小形なローバーでした。このローバーは、小形軽量なのでホイールもあまり大きくありませんが、火星の土壌での走行を考慮して、火星面と接触する部分に大きな溝が刻まれていました。また、火星に着地させるためにローバーをエアバッグで包み込み、着陸時の衝撃を吸収させていました。このエアバッグは、原理は自動車のそれと同じですが、ローバーの周囲を覆うように多数のボール状の宇宙インフレータブル構造が配置されており、また、着陸後には収縮して、ローバーが分離しやすいような工夫がされていました。その後、二〇〇四年に火星に到着したマーズ・エクスプロレーション・ローバーでも、スピリットとオポチュニティという二機のローバーを同じようなエアバッグ方式で火星に送り込みました。

火星は地球の約二・六分の一の重力で、おもに二酸化炭素からなる薄い大気があります。また、月は地球の約六分の一の重力で大気がありません。いずれにしても、重力があるので探査ローバーを簡単な方法で安全に月や火星の表面に降ろすのは容易なことではありません。

マーズ・パスファインダーでは、写真22に示すようなエアバッグが使われました。このときの着陸では、まず減速機（エアロシェル）で着陸機を減速した後、パラシュートを開いてさらに減速させました。火星には薄い大気があるので、エアロシェルやパラシュートで減速が可能です。また、落下とは反対方向にロケットエンジンを噴射して降下速度（落下速度）をさらに低下させます。最後に、エアバッグを展開させ、着陸機から切り離して火星の表面に衝突させます。ボール状の宇宙インフレータブル構造の集合体であるエアバッグは、火星の表面を数回バウンドしてから停止します。そのときに天地が逆さにならないように重心の位置や形状を考慮しておきます。そこで、エアバッグはしぼみ、内部から火星探査ローバーが出てきて走行を開始します。

マーズ・パスファインダーで使われたインフレータブル式のエアバッグは、球状のインフレータブル構造が二十四個結合された、全体の高さが約五 m の三角錐《すい》のような形状のものでした。膜材は衝撃に耐えられるように、高強度繊維を使った織物と樹脂フィルムを積層して気密性を持たせたものが使われていました。スピリットとオポチュニティでは、基本的なコンセプトは変わりませんが、ローバーの質量が一八五 kg と大形化されたため、エアバッグもそれに応じて大形化されました。

月や火星を走るためのホイール

段差の大きな路面を走行させるには、車輪の数が六輪

写真 22　インフレータブル式のエアバック〔©NASA〕

や八輪あるような探査ローバーを使い、段差を乗り越える際に、前輪を持ち上げる方法が多く採用されています。ローバーにカメラやセンサを搭載し、走行するルートを調べながら運用する場合では、このようなホイールでも走行が可能です。しかし、規模が小さなローバーや、徹底的に軽量化された超小形ローバーでは、厳密に路面の状況を調べながら運用することは難しく、多少の凹凸でも走行できるような走破性の高さが求められます。ホイールの径を大きくできれば、乗り越えられる段差は高くなります。一般的に、段差を乗り越えるには、その段差の約三倍の直径のホイールが必要とされています。問題は、そのような大きな径のホイールは嵩張るので、月や火星に持っていくのが難しいということです。しかし、これまでに述べてきた、宇宙インフレータブル構造技術を使えば、運ぶときには小さく畳んでおいて、走行する前に膨らませて必要なサイズのホイールにすることができます。

　小形な探査ローバーを対象に、NASAが開発した大径のホイールを使ったローバーの例を写真23に示します。小形といっても、それはローバーの本体のことで、ホイールは本体に比べれば相対的にはかなり大きなもので、この写真のものでは直径が約一・五mあります。今後は、段差を乗り

写真23　インフレータブルホイールを使った惑星探査ローバー〔©NASA〕

越えたり、スタックを回避したりするなどの観点からいっそうの大径化や、また、探査範囲の拡大、コスト低減、複数の小形ローバーによるシステムでの信頼性向上なども必要になるでしょう。複数で運用する小形ローバーにおいては、ホイールは必ずしも大形である必要がなく、例えば月面の砂地だけの限定されたエリアを探査するのであれば、直径が一五〜三〇cm程度のホイールでも十分です。その代わり、輸送時のローバー自体の省スペース化や、複数の小形ローバーによる運用を想定すると、小さく畳めるという機能は必要になります。

軽いインフレータブル式のホイールなら、液体の表面を浮いた状態で走行できる可能性がありす。例えば、土星最大の衛星タイタンの表面には、液体メタンの海があることがわかっているので、その上に浮いた状態で走行することも考えられています。

エアバッグの機能をあわせもつホイール

これまでに、月や火星の探査を想定して、宇宙インフレータブル構造技術の応用分野として、エアバッグとホイールについて述べてきましたが、これを一緒にするとどうなるでしょう。つまり、着地するときにはエアバッグとして働き、その後ではホイールとして走行に使えるという、一石二鳥の使い方です。当然、落下させる高さや落下させるローバー自体の質量の制約はあります。また、着地時の内圧と走行時の内圧の最適値はかならずしも一致しません。しかし、これらは運用プログラムで対応できる部分が多く、嵩張るハードウェアを共通化できることは大きなメリットです。

気体を導入して形成する際に作りやすい球形状を前提として考えます。先のエアバッグもローバーのホイールも、それを複数の膜材の膜片（ゴア）の接合で作っていました。サイズが大きかったり、接合（溶着や縫製）できる材料では良いのですが、小形ローバー用にサイズが小さかったり、あるいは量産性を向上させようとする場合には、一体成形して工数を減らしたいものです。これは品質の向上にもつながり、信頼性を高くできます。

そこで、工業用として広く普及している金型を使ったプレス加工を膜材の加工に適用する方法があります。この方法でエンジニアリングプラスチックフィルムを立体成形して試作された直径が約一五cmのホイールを写真24に示します（文献[13]）。この方法では、半球形状になるので、それを二つ接合して球形状にしています。厚さが五〇μm程度の樹脂フィルムを使用しており、折り畳むことと内圧を与えて展開することができます。ホイールの

写真24 エンジニアリングプラスチックフィルムを使ったインフレータブルホイール

円周上にはフランジのような接合部が残りますが，月面の砂地であれば走行に大きな支障はなく，むしろこれを利用して走行方向の制御やスリップ率を低減させる仕組みを与えることもできます。

和紙で作ったホイール

これまで述べてきたホイールは，内圧をつねに維持した状態で使用するものでした。しかし，宇宙インフレータブル構造では，内圧を長期間にわたって維持しつづけるのが困難な場合があります。きわめて小さな穴からでも，長期間であれば漏れが問題になる場合がありますし，温度により内圧が変化するので，つねに最適な内圧に維持するには，内圧を監視し，調整する仕組みが必要です。樹脂フィルムを立体成形した半球状のもので作るとパーツは二つになり，一か所ですが接合箇所ができます。運用時の信頼性を高め，砂地以外を走行できるようにするには，接合箇所をなくし，球形状のものを一体で成形すれば良いのですが，プレス加工では困難です。しかし，じつは球形状のものを一体で成形することができる技術が世の中にはあります。和紙を作る技術である紙漉《かみすき》の応用がそれです。ふつう紙漉では，木枠とすだれを使って平面に漉《す》くのですが，そのときの道具の工夫で，立体的な形状に漉くことが可能です。これは，じつはインテリア用のランプシェードなどとして市販されています（文献［14］）。紙漉では，製作時の工夫で，ある程度は膜材の厚さをコントロールすることができます。ただ，そのままの和紙には気密性がありませんので，宇宙インフレータブル構造として使う場合には、気密性を与えるような処理を施すか、内側に気密層に相当する内袋を追加する必要があります。この立体紙漉の技術で作ったものをホイールに使用した小形ローバーのコンセプトモデルを写真25に示します（文献[15]）。このホイールの直径は約三五cm程度です。和紙自体の厚みと膜面の曲率による曲げ剛性があるため、内圧がなくても、地球上でローバーの自重により膜材に曲げや座屈による大きな変形が生じないようになっています。月や火星は地球よりも重力が小さいので、さらに有利な環境となります。

ところで、和紙は宇宙で使えるのでしょうか。じつは、和紙を宇宙で使おうとしたのは初めてではなく、二〇〇八年ごろに国際宇宙ステーションから紙飛行機を飛ばして、地球に帰還させるという計画がありました（文献[16]）。残念ながら実現には至りませんでしたが、その着想の斬新さとともに、宇宙空間でも和紙が使えることに驚いた方も多かったと思います。宇宙空間は、高真空で放射線や紫外線の照射にさらされる環境です。また、深

写真25 和紙の立体成形品を使ったホイールのコンセプトモデル

宇宙に面した側はマイナス二七〇℃もの低温になり、太陽の照射を受けると太陽との距離によっては一〇〇℃以上にもなる環境です。このような環境では、樹脂系の材料に比べてセルロースを主体とする和紙は放射線や紫外線に対して耐久性がありそうです。和紙が苦手なのは水ですが、幸いなことに宇宙空間にも月や火星にもなさそうです。先の紙飛行機の場合は、国際宇宙ステーションから地球まで帰還させることが目的でしたので、地球の大気との摩擦で燃えないように空力設計と耐熱処理がなされ、また、折り紙式の紙飛行機に適した和紙の選定がされていたようです。このように、用途に応じて和紙を選び、また、適切な処理を施せば宇宙での用途が広がる可能性があります。

火星探査用飛行機の小さく折り畳めるウィング

長い歴史がある折り畳み式ウィング

火星にはおもに二酸化炭素からなる薄い大気があるため、飛行機を飛ばすことができます。写真26は、ＮＡＳＡによる火星飛行機の構想図です。火星の大気密度で飛行に必要な揚力を得るには、地球を飛ばす飛行機に比べてウィングの面積を約三十三倍にするか、飛行速度を約五・七倍にする必要があります（文献〔17〕）。実際には、ウィング面積と飛行速度を適度に選定して設計をすることになります。輸送が目的であれば飛行速度を高くすれば良い（その分ウィング面積を小さくできる）のですが、観測が目的の場合は、あまり速度を高くできない場合が出てきます。いずれにしても、ウィング面積が大きくなることに対する構造上の軽量化は必要です。また、火星に持っていくには、特に嵩張るウィングを小さく折り畳めるようにする必要があります。飛行機の折り畳めるウィングについては、古くは艦載用軍用機などでも実施例があり、また、近年では火星飛行機を対象に研究が行われています。また、米国のグッドイヤー社は、一九五〇年代にウィングや主構体にインフレータブル構造を使った小形飛行機を開発しています。これは、タイヤメーカーながら飛行船でも実績がある同社が、飛行船の技術を応用して作った飛行機とみることもできます。よりいっそうの収納効率の向上を目指した超軽量で小さく折り畳めるインフレータブルウィングに関する研究は、これまでＮＡＳＡや米国の大学を中心に行われてきています。

写真 26　火星飛行機の構想図〔©NASA〕

膜材でウィングをつくる

すでに述べたように火星への輸送コストは静止軌道の場合の約五十倍です。火星で飛行機を飛ばすにしても、徹底的にコストダウンが図れる技術の開発が必要です。幸いにも、近年のセンサやカメラデバイスの小形化を考えると、技術的な可能性が高くなる方向に進歩しています。すると飛行機も小形化して複数機を飛行させて観測したほうがミッション自体のリスクを減らすことが期待できます。インフレータブルウィングが、これまでの宇宙インフレータブル構造と大きく異なるのは、球形状や円筒形状のように膜応力が均一になるような形状に対して、平板に近い、しかもなめらかなウィングの断面のかたちを再現する必要性にあります。通常の飛行機のウィングは胴体側を固定端とする片持ばりとなっています。飛行中は、ウィングの面に対して揚力が生じるので、ウィングは上側に反るように変形します。この変形があまり大きすぎると、得られる揚力が小さくなります。変形を小さくするには、ウィングの断面の厚さを大きくすることが効果的ですが、今度は空気抵抗（抗力）が大きくなってしまいます。インフレータブルウィングでは、翼厚をあまり大きくせずに飛行に必要な強度を有するウィングを構成することが重要です。

このような翼断面の構成方法については、図12に示すような面外方向の変形を拘束するフィルムを多数配置したものや、スポンジ状の多孔質の部材を内部に充填した自動膨張式のエアマットなど

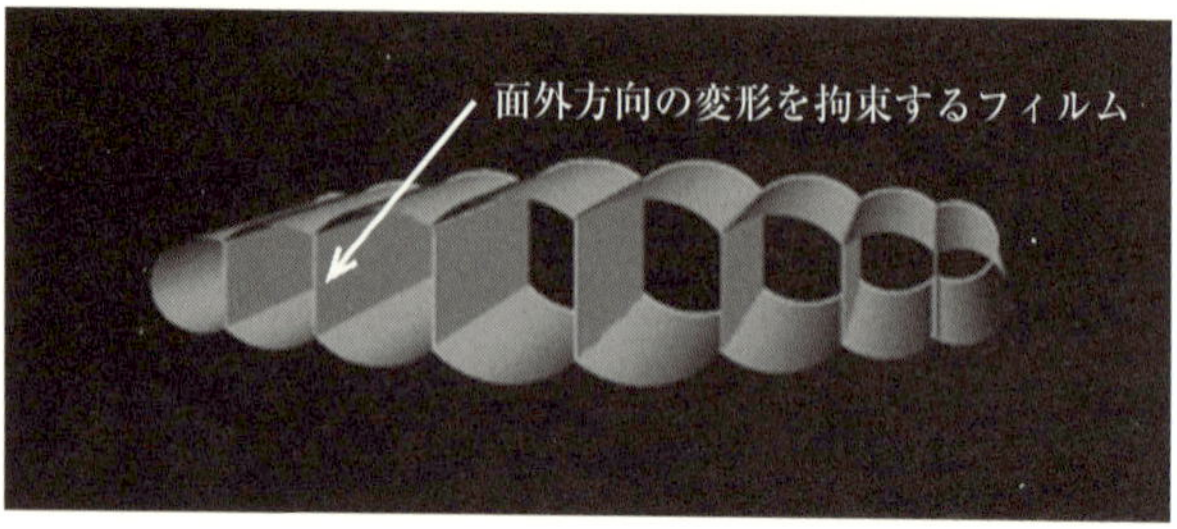

図 12　面外方向の変形を拘束するフィルムを多数配置したウィング

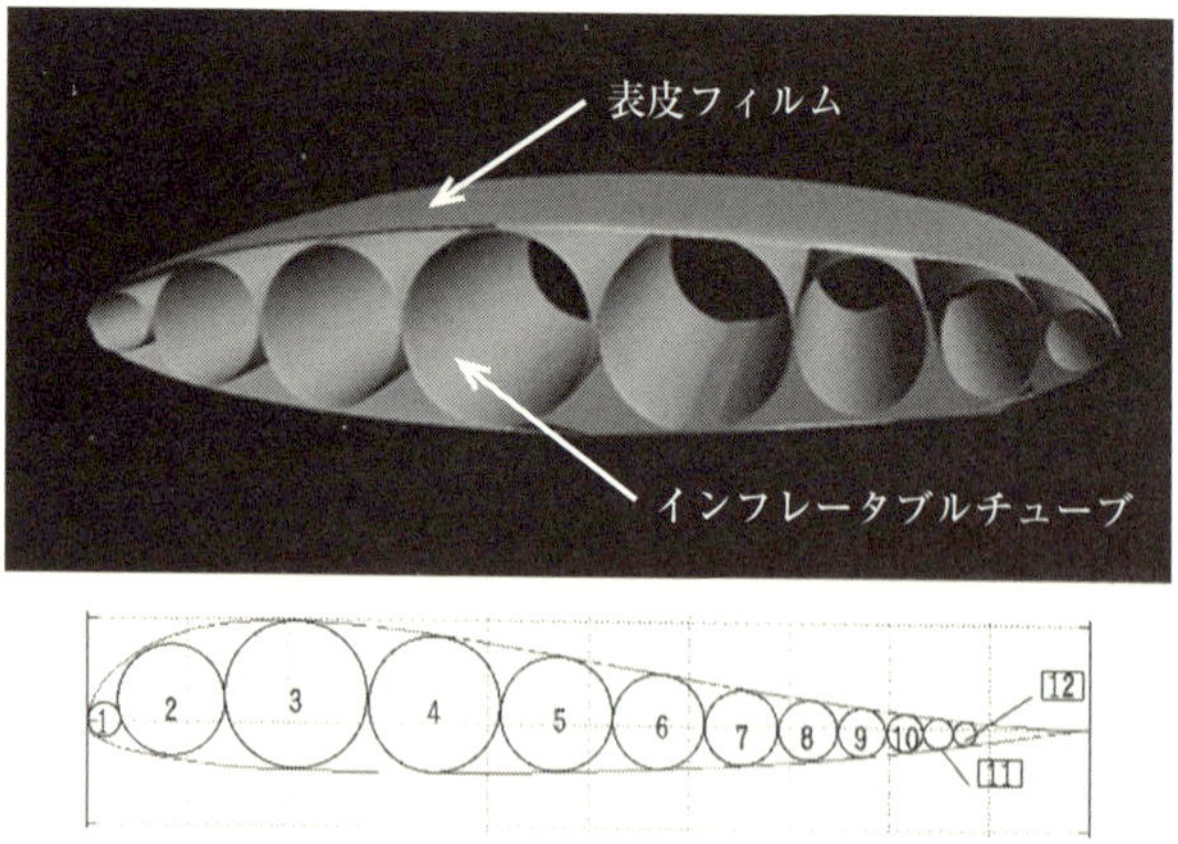

図 13　複数のインフレータブルチューブを並置したウィング

で使われているものがあります。また、図13に示すような複数のインフレータブルチューブを並置して、全体形状をほぼ平面に近付けた旧来からのエアマットに類似した方法もあります。しかし、ウィングの表面に凹凸が生じるので、これを減らすためにウィングの厚さを拘束する部品を増やしたり、フィルムで全体を覆ったりすることも必要になります。このような対処は、折り畳みやすさを損ねたり質量が増えることにもなりますが、これらの影響を最小限にできるような最適な部材の配置方法を考えていく必要があります。

高い収納性と超軽量なウィングを目指して

インフレータブルウィングで使用するインフレータブルチューブは、翼厚の制限があるため直径を大きくできません。そこで、内圧を大きくして変形しにくい構造部材を作るために、製作がしやすく高い内圧に耐えられるインフレータブルチューブの実現が特に重要です。厚さ五〇μmのポリイミドフィルムで作った直径が異なる十二本のインフレータブルチューブを、目標とする翼型（反転キャンバー付きのMH78）の断面のかたちになるように並べて試作したインフレータブルウィングを有する小形飛行機の例を写真27に示します（文献[18]）。この飛行機は翼弦長が約三〇cm、翼幅が約二m、翼厚が最大で約五cmです。これを折り畳むと、翼幅方向の寸法を約二八cmまでコンパクトにできます。機体全体の質量は、一・〇九kg（インフレータブルウィングの主翼は二六四g）で、翼面荷重は一・八二kg/m²と、インフレータブルウィング機は、翼面荷重をきわめて小さくできることが大きな特徴です。動力や操舵《そうだ》方法などはラジコン飛行機の部品を使っていますので、無線操縦で飛ばすことができます。実際に屋外で飛行実験を行いましたが、操縦がやや難しいことがあるものの、十分に満足できる飛行を行うことができました。

インフレータブル構造のさまざまな用途への展開

宇宙での活動のための居住スペース

写真28は、ＮＡＳＡにより国際宇宙ステーションでの利用を想定して開発されたトランスハブのイメージ図です。これは、打ち上げ時には直径方向の寸法を小さくし、ロ

写真 27　翼幅２ｍのインフレータブルウィング試作機

ケットなどの輸送機の荷物室に収まりますが、宇宙で膨張させると直径が約八・二mにもなり、大きな内部空間を作り出すことができます。宇宙での有人活動の拠点やシェルターとして、あるいは、装置を設置したり物資を保管したりする場所といった空間確保の方法として期待されています。ここで必要なのが、人が安全に生活できる環境を宇宙に作ることです。宇宙といっても、地球の周回軌道上か、月や火星などの惑星の表面かで少し異なります。地球の周回軌道上であれば、すでに国際宇宙ステーションなどで長い実績があります。これは、高度約四〇〇kmの軌道上に組み立てて作られた、幅が一〇〇mを超える巨大な構造物ですが、輸送コストを削減するための工夫も検討されてきました。

人が宇宙服を着なくても活動できるようにするには、一気圧程度の内圧の空気を充塡し、また、温度をほぼ常温に維持しなければなりません。しかし、ほぼ真空に近い宇宙空間で、これらの内部を一気圧近くに保とうとすると、そのままの圧力が差圧として膜面に作用し、通常の数十倍から百倍を超えるような応力が膜材料にかかります。こ

写真28　国際宇宙ステーション用の居住モジュール（トランスハブ）のイメージ図〔©NASA〕

のため、これらの膜材料には、きわめて高い張力に耐えられる材料を使う必要があります。また、メテオロイドや小さなスペースデブリなどの衝突による損傷を防ぐ（大きなデブリに対しては軌道を変えて避ける）ためには、金属を使った層や高強度繊維織物を使った層などを積層した多層構造にする必要もあります。このような膜材料は、厚さが四〇cm程度ときわめて厚くなり、また、数十層にも積層する必要があるので複雑な折り畳みはできなくなります。

トランスハブの計画はその後中止され、現在はパートナーだったメーカーが引き続き開発を行っています。国際宇宙ステーションのような宇宙空間に設置するものや、あるいは月や火星の表面に設置するものまで、さまざまな使い方が考えられています。宇宙への輸送手段は、現状ではロケットのフェアリングのサイズで規定されるので、膨張展開をさせて少しでも大きな構造を実現することが重要です。月や火星などの表面に設置する場合は、上から岩石や土壌をかぶせ、その重力により膜に外側から圧力を与えて、実質的な差圧を減じる方法をとることもできます。内部を約一気圧にするためには、非常に厚い積層構造の膜材にすることのほかに、設置の際の工事は大掛かりになりますが、こうした膜材の負担を減じる埋設型も有力な方法です。

大気圏突入のための減速機

空気などの気体の抵抗を利用して、落下速度を小さくするときに使用するものにパラシュート

（これも膜材料を使った折り畳み式展開構造物の典型例）がありますが、宇宙でもこの原理が使えます。写真29に示すような柔軟エアロシェルと呼ばれる熱シールドを使えば、地球に戻ってくる飛翔体を減速して、大気圏突入時に高温になるのを防ぐことができます。すでに引退したスペースシャトルでは、耐熱タイルで機体の温度が高くなる部分を覆っていました。しかし、シリカガラス繊維を素材とする耐熱タイルは、質量が大きいことに加えて、機体との温度差による伸び縮みが異なることから剝がれやすく、衝撃を受けると損傷しやすいという問題がありました。

気体の抵抗を利用する減速機では、大きな面積が必要になります。また、抵抗力によって致命的な変形を引き起こさないような構造や強度が必要です。そして、使用する直前までは小さく折り畳まれていなければなりません。使用する前には、まず宇宙へ輸送しないといけないので、軽量であることも要求されます。これらを解決する有力な手段が膜構造技術で、柔軟エアロシェルは大気を持つ地球や火星などの惑星での使

写真29　大気圏突入用の柔軟エアロシェルのイメージ図〔©NASA〕

用が想定されています。ＮＡＳＡが開発したインフレータブル式の柔軟エアロシェルは、二〇〇七年から二〇一二年にかけて小形ロケットを使った実験が行われ、展開に成功しました。ＪＡＸＡ宇宙科学研究所でも、二〇一二年に、観測用小形ロケットを使った実験を行い、展開機能の確認とデータの取得が行われました。同様な実験は、欧州宇宙機関（ＥＳＡ）でも行われています。

コラム４　ごぼう袋でつくる簡易インフレータブル飛行機

インフレータブルチューブを製作するときによく使うのがポリイミドフィルムです。これは、融点が高いので熱溶着は難しいのですが、実験用に手軽に作るのであれば、各種の梱包《こんぽう》材用のフィルムや飛行船の膜材料を使って熱溶着で作れます。これらの膜材料は、複数の膜材を積層（ラミネート）したもので、表面の材料に融点が低いポリウレタンやポリエチレンが使われています。このため、家庭用のハンディシーラーを使って手軽に熱溶着ができます。

熱溶着すれば、いろいろな形にできそうですが、空気を入れて膨らませると、ゴム風船のような大きく伸びる膜材とは異なり、伸びにくい膜材はところどころに皺が生じます。皺が発生しにくく、形が単純な構造の典型的な例がチューブと呼ばれる円筒状のものです。チューブ単体で使っても良いし、それを組み合わせてさまざまな構造物を作ることもできます。身近な例でも、エアーマットや、フロート（浮き板）などにこのような使い方をみることがあります。これを使って飛行機の主翼を作ります。しかし、チューブを並べただけでは空気の抵抗が大きくなるので、適切な翼型にする必要があります。このような断面の形状をうまくチューブを並べて再現してやれば、チューブだけで主翼を作ることができます。

溶着の手間が省けるように、あらかじめ筒になったポリエチレン製の傘袋を使用し、簡易的にチューブを作ってみました。しかし、これは厚さが一〇µm程度ときわめて薄いので、シーラーでの溶着が難しく、温度と時間のコントロールを間違えるとすぐに穴が開いてしまいます。そこで見つけたのが同じくポリエチレン製のごぼう袋（八百屋さんでごぼうを入れて売っている袋）です。これは厚さが二五µm前後あるので、シーラーでの溶着が容易にできます。これを並べて、簡易的に模型飛行機の翼を作ります。これで工夫して翼の厚さを場所により変えることもできます。これで競技用ゴム動力飛行機の主翼を換装します。翼の厚さがある程度大きくなるので、飛行の際の抗力が大きくなりがちですが、あまり翼を大きくしすぎなければ十分に飛ばすことができます。学生が子ども向けのイベントで取り上げてくれましたが、主翼が小さく折り畳める模型飛行機というのも、地球上での必要性はともかくとして、参加者には喜んでもらえました。

写真　ごぼう袋ウィング機

8　宇宙構造物で使える便利な「膜」

部材への力のかかり方

宇宙構造物で利用される材料で、軽量かつ高剛性の典型的なものに複合材料があります。複合材料とは、二つ以上の材料を複合化したもので、炭素繊維織物に樹脂を含浸して硬化させた炭素繊維強化プラスチック（ＣＦＲＰ）がよく知られています。これらは工場の設備を使って作られるので、成形が完了した時点で部材としては完成しています。このような部材のうち形状や寸法を適切に選び、組み合わせて宇宙構造物を作ります。

身近な例として、例えば棚（ラック）を作ることを想像してみてください。棚には、場所に応じて張力や圧縮力が作用します。このような場合のすべてに使えるのが、前述したかたい部材です。

しかし、もし張力しかかからないことが最初からわかっているとしたら、そこには張力材料と呼ばれる、ケーブル材料（ワイヤーや紐《ひも》）や膜材料が使えます。このような張力材料を使った構造は、張力構造と呼ばれています。図14に示すテントやタープ、あるいはドーム式競技場や斜張橋《しゃちょうきょう》などがその典型的な例です。これらの張力材料には、あらかじめ初期張力を与えており、張力が維持されている間は形状を保つことができます。ドーム式競技場では、送風機で空気を送り込み、外部の大気圧に比べてやや高い内圧を維持し続けることで、天井を膨らませて持ち上げています。斜張橋は、橋の路面自体の荷重（橋自体が地球の重力に引っ張られて生じる力）が、つりケーブルに張力として作用し、橋の

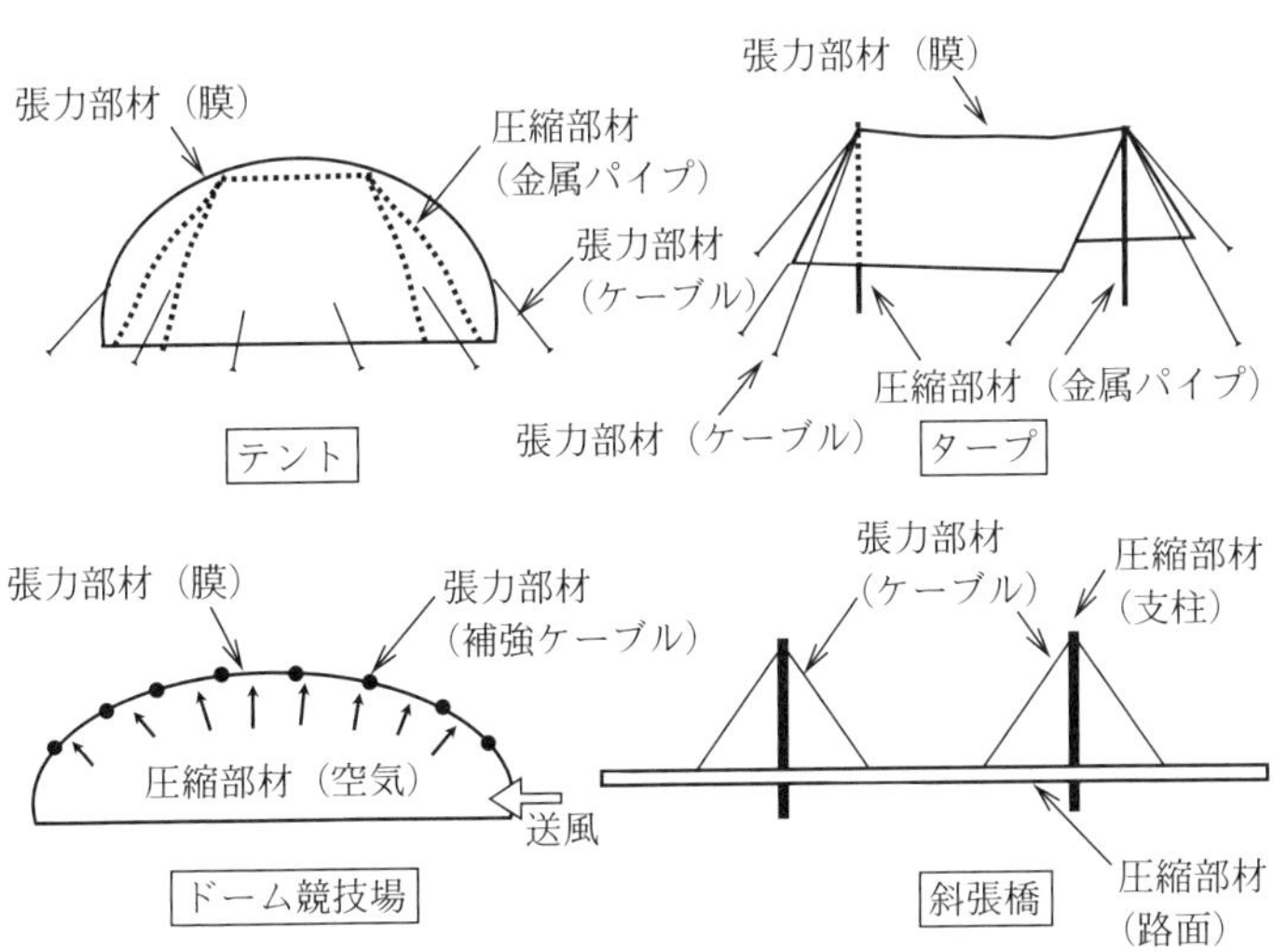

図14　張力部材と圧縮部材

形状が維持されます。いずれも張力設計が重要で、クルマの通行に加えて、積雪や風などの外力を考慮して安全性が確保できるように設計されます。

張力だけであれば、細くて軽い材料を使用することができますが、それにつり合う圧縮力を受け持つ圧縮部材がどこかにないと、力のバランスがとれません。しかし、明確に役割分担ができれば、圧縮部材には圧縮力を受け持たせるために最適化された棒材が、引張部材（張力部材）には張力を受け持たせることに特化してワイヤーケーブルが使えます。このようなワイヤーケーブルは棒材に比べて圧倒的に長さ当りの質量が小さいので、大きな構造物でもきわめて軽量に作ることができます。張力構造では、張力がかかる部分にケーブルや膜材料を使うので、全体を軽量化することができます。また、テントやタープにみられるように、畳んで小さくすることも容易です。しかし、ワイヤーケーブルは良いのですが、圧縮部材である棒材はどうやって軽量化したら良いでしょうか。それにはまず、丈夫な材料を使うことはすぐに思いつきますが、断面のかたちを工夫すれば良いことも経験からわかります。

曲がりにくい「かたち」を作る

地上で普通に圧縮部材を使うのであれば断面のかたちを工夫すれば良いのですが、宇宙で使う場合は材料の選択に注意が必要です。まず、宇宙の環境に耐えられる材料を選ばなければなりません。また、軽量にするための材料選定も必要です。このような観点から、宇宙用の構造材料としては、アルミニウム合金やマグネシウム合金、チタン合金などの金属材料が使われています。曲がりにくい構造を作るには、断面のかたちを工夫する必要があり、質量も考慮すると断面積が小さくなるようにしなければなりません。そうすると、中実《ちゅうじつ》棒（内部が詰まった棒）よりも中空《ちゅうくう》棒（内部に空洞がある棒）のほうが、軽量化という観点では適していることがわかります。加工性・耐久性・経済性などを考えると材料の選択肢は限られてくるので、工夫する余地が残されているのが、断面のかたちになります。

図15に示すような、アングル材やチャネル材を建築現場でよく見かけると思います。これらも、断面のかたちを工夫して曲がりにくくするために生まれたものです。宇宙用でも、ＣＦＲＰ製のアングル材やチャネル材、あるいは、パイプ材（円筒）などが使われています。しかし、これらの部材同士を結合して展開式にしようとすると、結合部にはヒンジを使うのが一般的で、その部分で嵩張ってしまいます。ただし、円筒や角筒のパイプ材は、使い方しだいでおもしろい収納方法が使えます。例えば、図16に示すように、伸縮式望遠鏡やロッドアンテナのように、直径が異なるパイプ材をつなげて伸縮式にすることで、収納時に長さを短くできます。これはテレスコピックブームと呼ばれています。似たものはクレーンのアームにもみることができます。

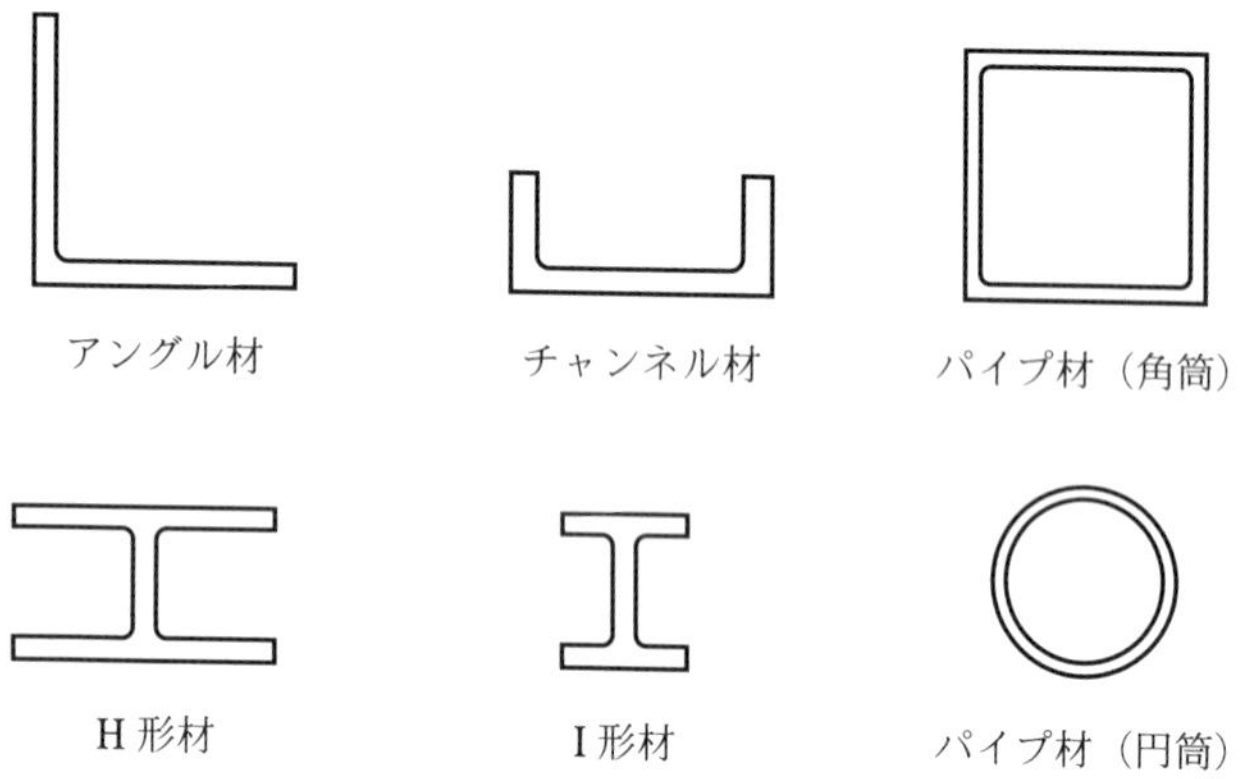

図 15　曲がりにくい断面の形状

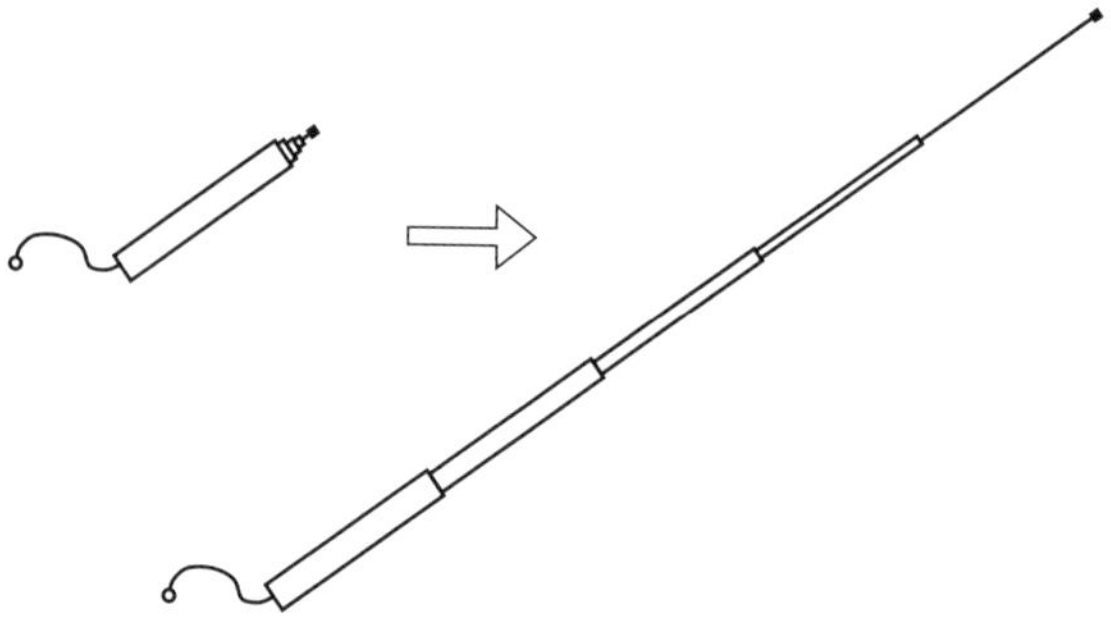

図 16　テレスコピック型伸展構造（ロッドアンテナ）

膨らませてかたちを作る

宇宙インフレータブル構造

円筒は直径を大きくすれば曲がりにくくできます。また、板厚を小さくすれば、軽量化のメリットを大きくできます。この「直径を大きく」というのは、地上で使うような普通の部材では嵩張るため、効果を得るのにも限界があります。しかし、気体を入れれば膨らんで、排気すれば小さく畳める宇宙インフレータブル構造なら、使用しないとき（ロケットでの輸送時）に嵩張るというデメリットを軽減できます。このような宇宙インフレータブル構造の恩恵を、じつは身近なところでも受けていて、ビニールプールやビーチボールなどの遊具のほかに、ゴムボートやカヤックなどのアウトドア用品、あるいはアドバルーンや遊園地の遊具などでも使われています。大きなものでは飛行船もそうですし、前述したドーム式競技場もこの構造の仲間です。地球上では空気を入れるので、空気膜構造やエアサポート構造と呼ばれています。宇宙用では、空気ではなく窒素などの不活性気体を使うことが多いので、空気という用語は使わずに、単にインフレータブル構造（膨張膜構造）、あるいは宇宙インフレータブル構造と呼びます。

作りやすいかたち

宇宙インフレータブル構造で作りやすいのは、円筒形状すなわちチューブ形状（ガウス曲率がゼロという）の構造物です。膜材料の接合箇所も最小ですむので、工作精度や気密性を高めることも容易です。ジョイントを使って組み合わせて立体的な構造物を作ることもできます。つぎに作りやすいのが、球形状すなわちボール形状（ガウス曲率が正という）の構造物です。ビーチボールを見るとわかるように、同一形状のゴア（膜片）を接合して球形状にしています。この球形状では、内圧を与えたときに、膜のどの方向でも膜応力は同じになります。これが、先の円筒形状では、軸方向（長手方向）の膜応力は、球形状の場合と同じになりますが、周方向の膜応力はその二倍になります。

球形状では、膜面のどの方向の膜応力も均一になるので、形状としては安定しているのですが、独特の形状のため用途が限定されてしまい、あまり応用がききません。エコー衛星や気球などがこれに近い形状ですが、その形状を利用するというよりも簡単に巨大で均一な形状の構造物を作ることが目的です。鋼材などの構造部材では、その断面のかたちを工夫することが設計の基本ですが、膜構造の場合は自在に断面のかたちを決めることができません。円筒（チューブ）形状は、作りやすいという点でも好都合なうえ、宇宙で展開した後は、曲がりにくい構造部材として使用するのにも適しています。

なにを入れて膨らませるか

内部に充填する気体は窒素ガスが一般的ですが、昇華型パウダーも使われます。窒素ガスは、圧縮して体積を小さくしてボンベに入れておきます。ボンベは高い圧力に耐えることが要求されるので、質量が大きくなりがちです。そこで、固体から気体に相変化させる昇華を利用することで、保管時の体積をきわめて小さくし、気体になったときに大きな体積変化を起こさせることができます。昇華については身近な例として、ベーキングパウダー（膨らし粉）、ドライアイス、樟脳《しょうのう》などがあり、それぞれ昇華する温度は異なります。前述した、直径が最大で四〇mもある球形状のエコー衛星では、安息香酸とアントラキノンによる昇華型パウダーが使われました。

宇宙インフレータブル構造は、通常は気密性を有しているので、内圧が高くなりすぎると破裂するおそれがあります。そのため、膜材料や接合部の強度計算や強度試験が欠かせませんが、それでも操作上のミスや異常時でも破損しないようにする必要があります。また、内部に気体が充満しているので、太陽光の照射により温度が上昇して気体が膨張し、内圧の上昇を招くことも想定されます。普通の圧力容器や高圧ガス設備と同様に、安全弁や圧力調整弁を設けて、確実に内圧をコントロールすることが必要になります。

9　使いやすいインフレータブルチューブ

インフレータブルチューブとは

構造要素の基本部材として使いやすいのは円筒形状なので、ここでは、その円筒形状の展開構造物についてみてみましょう。これらは、チューブ、ビーム、ブーム、ストラット、マスト、コラムなどさまざまな名称で呼ばれています。それぞれ用途や役割に応じて使い分けられる場合もありますが、ここではこれらをまとめてインフレータブルチューブという名称を使います。インフレータブルチューブは、基本的な一本の構造部材としての研究から、それを組み合わせた立体的な構造物まで、さまざまな研究開発が幅広く行われてきています。

写真30に試作した実験用のインフレータブルチューブの、収納時と展開時の様子を示します。

これは、厚さ五〇μmのポリイミドフィルムをポリイミド粘着テープで貼り合わせて作った直径五cm、長さ五一cmのインフレータブルチューブです。ここで使っている材料は宇宙でも使用できる材料ですが、実験室で試作をする際には、溶着や接着などがしやすい、梱包材や収納袋で使用している膜材や飛行船の膜材で代用することもできます。

インフレータブルチューブの展開

展開構造物にとって、確実に展開できることはきわめて重要です。宇宙インフレータブル構造は、漏れがなく気体が導入できれば、展開を阻害する要因はほとんどなく、ほぼ確実に展開させることができます。したがって、展開そのものについては高い信頼性が獲得できます。しかし、展開途中はやわらかくて形状が安定していない（剛性がきわめて小さい）ため、予想外の動きをしやすく、人工衛星や宇宙機の姿勢を

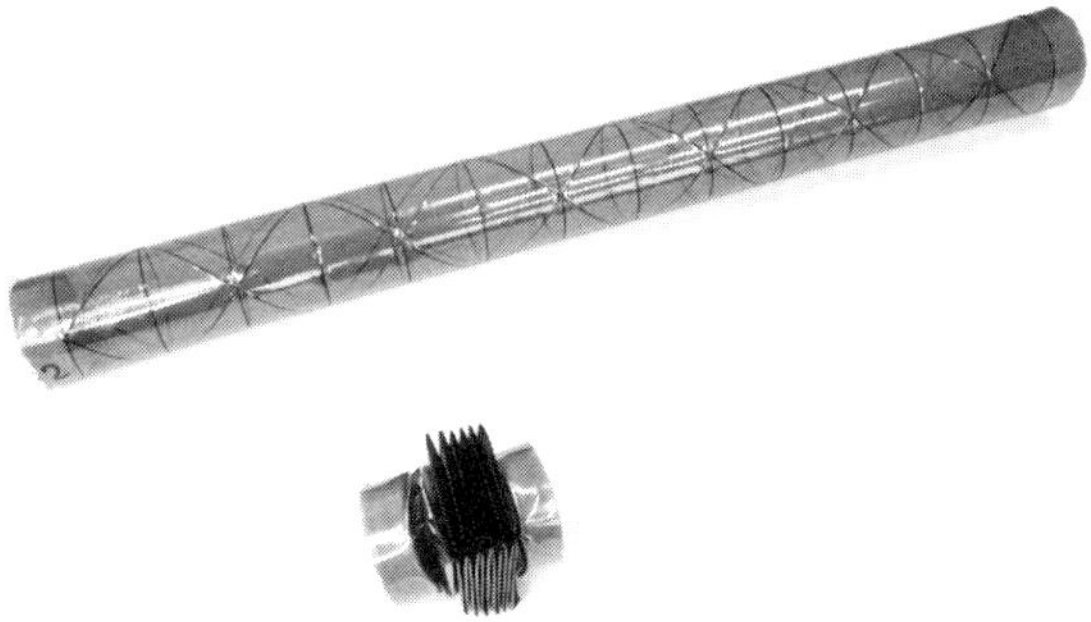

写真 30　直径 5 cm、長さ 51 cm のインフレータブルチューブ

乱したり、ほかの搭載機器と干渉したりするおそれがあります。

このようなことを避けるためにも、ある程度は展開の状態を予測できなければいけないし、少なくとも展開に伴う大きな動きの範囲を推定する必要があります。しかし、地球上で行う展開実験では、重力の影響が大きいために、展開途中の形状が宇宙環境での展開挙動とは大きく異なることになります。そこで、解析によるシミュレーションが重要になります。このような大変形を扱う解析は、通常の構造物の解析で行われるものよりも困難ですが、最近の解析技術の進歩により可能になってきています。

展開したインフレータブルチューブの形状維持

インフレータブルチューブは、展開後に硬化させれば内部の気体を排気しても形状を維持することができ、圧縮部材として使用することができます。この硬化の方法には、表1に示すように種々の方法があります。まず、内部の空間を発泡剤のようなもので充塡して硬化させるのか、膜材だけを硬化させるのかで、大きく二つに分けられます。

内部の空間を充塡させて硬化させる方法に、ウレタン樹脂の化学反応を利用して発泡膨張させた後に硬化させる方法があります。硬化する前に膨張展開が行えるので、比較的シンプルなシステムで膨張から硬化までを行わせることができます。しかし、インフレータブルチューブの内部をすべてウレタン樹脂で充填してしまうのでは、直径が大きなインフレータブルチューブでは硬化用のウレタン樹脂の体積が非常に大きくなり、質量が大きくなってしまうおそれがあります。そこで図17に示すように、円周方向に二重壁にしてその間に発泡剤を充填させたり、直径が小さなインフレータブルチューブの集合体を円周上に配置して、それぞれのインフレータブルチューブに発泡剤を充填して硬化させたりする方法が考えられています。

膜材だけを硬化させる方法には、い

表1　インフレータブルチューブの硬化方法

大分類	硬化方法 （おもな材料）	メリット	デメリット
内部を硬化	発泡硬化 （ウレタン樹脂充填）	膨張と硬化を連続して実施可能 短時間での硬化が可能	質量が大きくなりがち
膜面を硬化	加熱して硬化 （熱硬化型樹脂）	硬化後の特性が良好	硬化に大きなエネルギーが必要 膜の積層数が多い
	紫外線で硬化 （紫外線硬化型樹脂）	硬化の方法がシンプル	均一な紫外線照射が難しい 炭素繊維が使い難い
	冷却して硬化 （熱可塑型樹脂）	地上試験が容易 膜の構成がシンプル	使用温度の上限が低い
	加工硬化 （アルミニウムと樹脂の積層フィルム）	膜の構成がシンプル	高い圧力が必要 硬化後の剛性があまり大きくない
	水やアンモニアで硬化 （湿気硬化型樹脂、アンモニア硬化型樹脂）	硬化の方法がシンプル	取り扱いが難しい

くつかの方法があります。まず、オーソドックスな方法としては、複合材料の製造と同じようなことを宇宙環境で行う方法があります。図18に示すように、気体を入れて膨らませるための内側の袋（気密層）の上に、硬化させるための層（硬化層）を積層（ラミネート）させます。この硬化層には、例えばＣＦＲＰのような複合材料が使えます。複合材料の樹脂に熱硬化型樹脂を使う場合は、加熱して硬化させる必要があります。この場合は、硬化に必要な温度（樹脂によるが一四〇～一八〇℃程度）まで、硬化に必要な時間（樹脂によるがおおむね数時間）加熱し続ける必要があります。

一方で紫外線硬化型樹脂を使った方法は、紫外線が照射できれば硬化させることができるため、比較的扱いやすい硬化方法です。図19に示すように、太陽光に含まれる紫外線を使う場合と、内部で紫外線発光ダイオードを照射する方法が考えられています。太陽光の照射で硬化させる方法は、太陽光が入射すればどんどん硬化が進行してしまうので、展開と硬化の制御が難

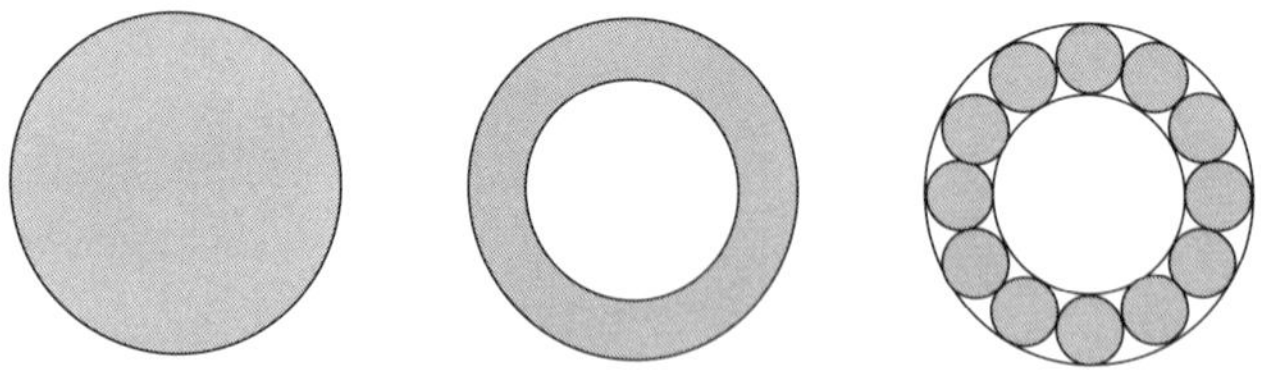

内部を完全に充填した場合の断面　二重壁間を充填した場合の断面　充填した小円筒を円周上に並べた場合の断面

図 17　発泡剤を充填して硬化させる方法

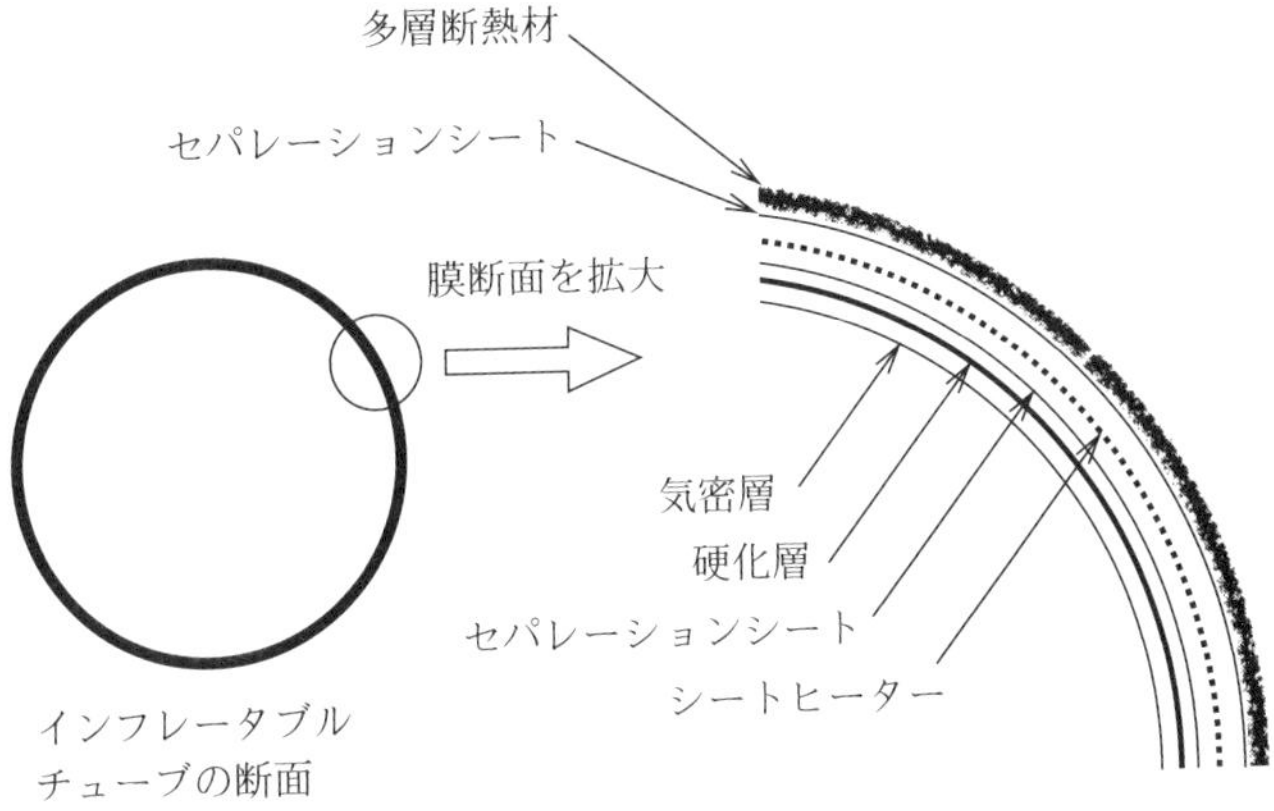

図 18　加熱して硬化させる膜面の積層構成

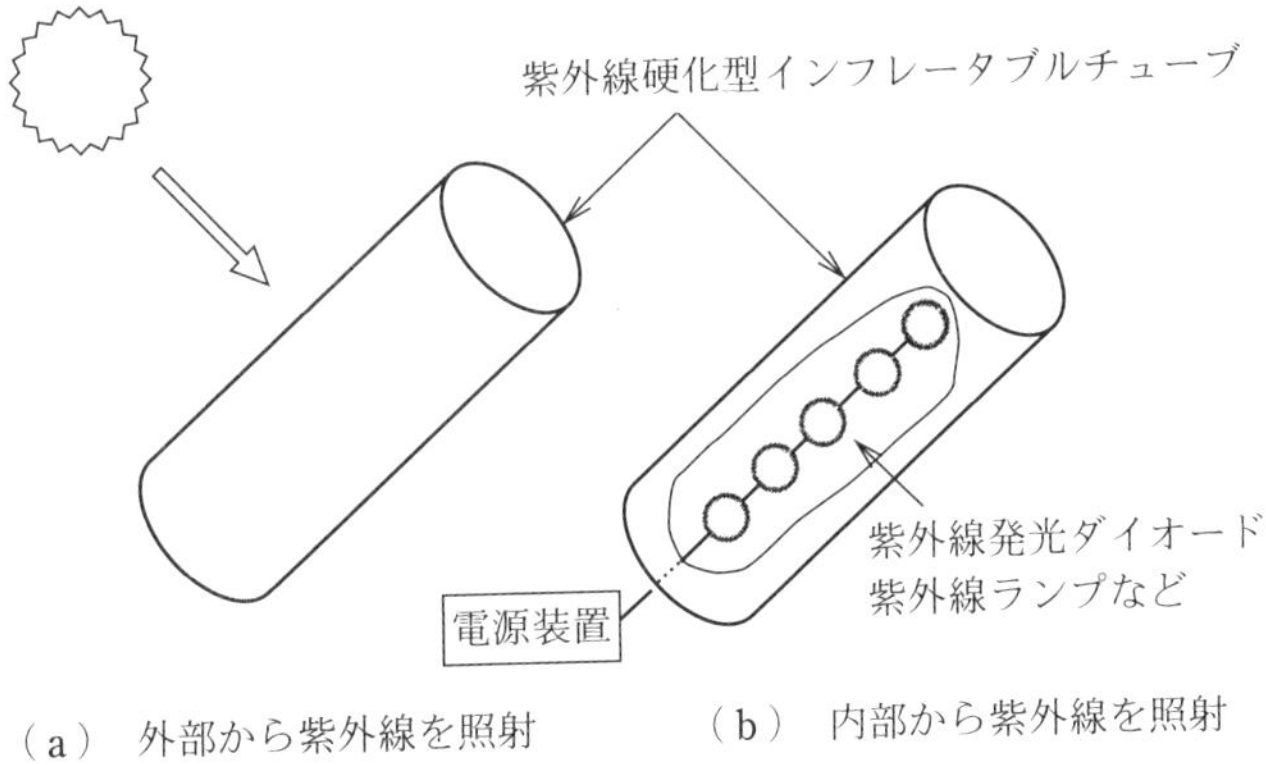

（a）　外部から紫外線を照射
（b）　内部から紫外線を照射

図 19　紫外線で硬化させる方法

しくなりますが、紫外線発光ダイオードを使う方法は、コマンド送信で硬化を開始できるので使いやすい硬化方法とみることもできます。

熱可塑性樹脂は、種類により決まっているガラス転移点温度（ポリアミド66の場合五〇℃）より低い状態では固い状態を維持しており、融点といわれる温度を超えると溶けてしまいます。このガラス転移点温度と融点の間は、柔軟な状態を維持しており、自由に変形させることができます。下敷きやプラスチックケースで使われている材料がこの仲間です。この柔軟な状態を利用して、図20に示すように折り畳みや展開を行います。折り畳まれた状態では、通常はガラス転移点温度以下なので固まっており、それをヒータなどでガラス転移点温度以上に加熱するとやわらかくなり、そこで展開を行います。展開が完了したら、そのまま宇宙環境で冷却すると硬化し

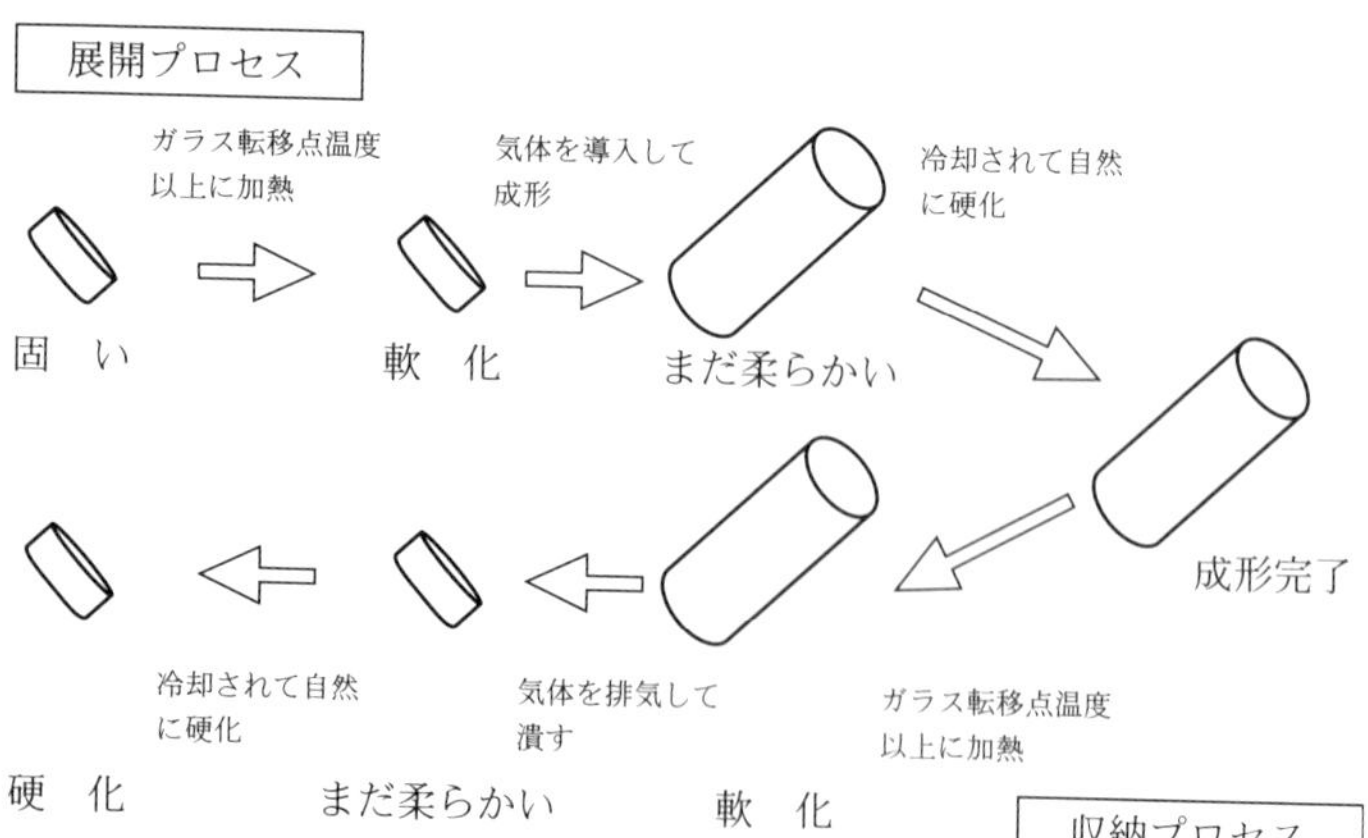

図20　可塑性樹脂による展開と収納のプロセス

ます。冷却して硬化させることから冷却硬化型樹脂とも呼ばれます。

金属などの塑性変形を利用した硬化法としては、加工硬化として知られているものがあります。これは、金属を塑性変形させると硬くなるという性質を利用したものです。針金を大きく曲げることを繰り返すと数回で破断しますが、これは加工硬化により硬くなったため脆性《ぜいせい》破壊に至ったものです。インフレータブルチューブの硬化においては、硬化層にアルミニウムフィルムのような塑性変形をさせやすい金属を使用し、高い内圧で塑性変形する程度まで大きな張力を与えます。こうして硬化したインフレータブルチューブは、展開時の形状を維持しやすく、剛性も加工硬化前に比べると高くすることができますが、膜材料では硬化後の剛性をあまり大きくはできないので、用途に応じた使い分けが必要です。

コラム5　昆虫の羽化を凌ぐのは難しいけど、パイなら誰でもつくれる

自然界にも成長や繁殖などの過程で展開を取り入れたさまざまな生物がいます。身近なところでは、花の開花や葉の成長などはすべてなんらかの展開のプロセスを利用しています。これらに類似した宇宙展開構造物としては、これまでに花弁型の展開アンテナがありました。花びらが開くように展開するというので、そう呼ばれていました。大きな花弁を展開させるものに、初夏の早朝に大きな花を咲かせる蓮《ハス》があります。一つの蓮の花は、数回開花を繰り返しますが、だんだん開く角度が大きくなってしまいます。展開アンテナは、宇宙で一度展開すれば、再度折り畳むということはあまりなく、一回限りの展開を精度良く確実に行うというのが自然界とは大きく異なります。

宇宙インフレータブル構造を作るときは、パソコンで展開図を作りそれを膜材の上に転写します。そこで、山折り、谷折りの折り目をつけます。それをいったん広げて、テープで貼り合わせたり、熱溶着したりして袋状にします。つぎに、先ほどつけた折り目で折り畳んでいき、収納状態にします。宇宙へ持って行ったら、気体を導入して内圧を使って膨らませます。これに近い展開の仕組みを、昆虫の羽化にみることができます。

しかし、昆虫における展開は、見方によってはきわめて高度なテクニックが使われています。じつは彼らは翅《はね》（羽）を畳んでいるのではなく、成長の過程で折り畳まれた状態で形成されているのです。チョウのような完全変態をする昆虫では蛹《さなぎ》のとき、また、セミのような不完全変態をする昆虫では幼虫の段階で、いったんからだのほとんどの組織が溶け、それが再構成されて成虫の各

組織になります。翅も同様で、小さな組織をもとにからだの中で折り畳まれた状態に再構成されます。羽化のときは、翅脈に体液を送り込んで翅を広げるので、これは宇宙インフレータブル構造の展開の原理そのものです。

このような形成プロセスを宇宙展開構造物で人間が作り出すのは無理でしょうか。しかし、パンを焼くときは寝かした生地の中で酵母が二酸化炭素を発生し、均一にうまい具合に膨らみます。パイが層状になるのは、生地を折り畳んで積層（小麦粉とバターの層）し、加熱したときに層間に空間を残した状態で膨らむからです。パイを焼くように、手軽に宇宙インフレータブル構造が作れるようになったら、宇宙利用がより進歩するでしょう。

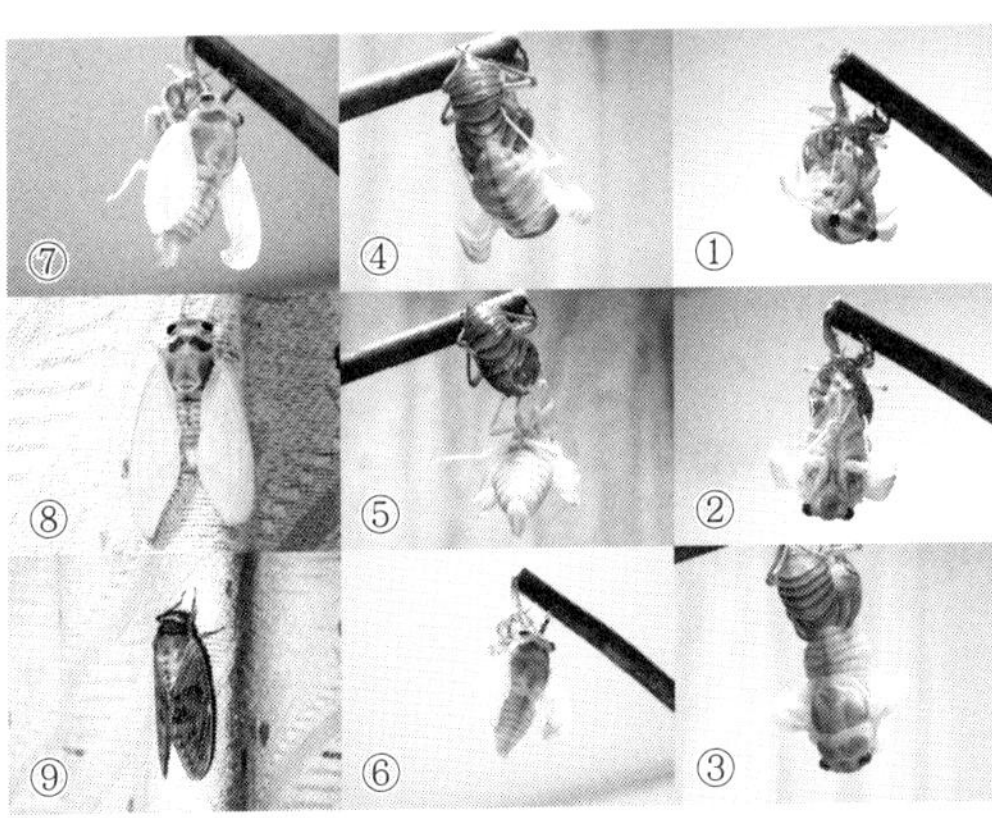

写真　セミの羽化

10　ミッションを成功へ導くために

展開の不具合

宇宙では機器の不調や故障などで、予定していたミッションがうまくいかないことがあります。これまで説明してきた展開構造物でいえば、展開がうまくいくかどうか、ということが最初に心配されます。これまでにも、アンテナや太陽電池アレーなどの展開構造物の展開の不具合は、いろいろ報告されています。予備系を持っていくことができるものや、複数の探査機で冗長性を持たせて運用するならば、システムの全損は回避できますが、大形であるがゆえに一つしか持っていけない場合は、そのミッション全体を失うことになります。展開の不具合は避けては通れない問題でもありますが、展開の仕組みや製造技術を洗練させていけば、高い信頼性を獲得することもできます。

また、これまでの不具合のレポートは、その後の設計のための貴重なデータになります。宇宙でも普通のものづくりと同じように、数多くの経験に基づく新たな知恵が、より良いものを生み出す原動力になります。

宇宙へ持っていくものは特注品ばかり

宇宙で使う物はコストがかかるといわれます。その大きな理由が、宇宙への輸送コストであることはすでに述べました。輸送コストを下げるために、経済的なロケットの開発や、宇宙エレベーター、あるいは月を利用した宇宙への輸送などの研究開発も必要でしょう。それと同時に、宇宙へ持っていくものをより軽く、また、大きなものは小さく折り畳んで持っていくための技術が本書の内容でした。宇宙で使うもののコストが高いということにはほかにも理由があります。輸送コストが高いことと関係するのですが、宇宙で使うものには高い信頼性が要求されることもその原因です。将来的に、輸送コストを大きく下げることができれば、信頼性をそこまで厳しく要求しなくてもよい時代がくるかもしれませんが、それでも信頼性向上の重要性は低くならないでしょう。

最近、身の回りのさまざまな製品で、故障が減ってきたと感じることがあります。例外はもちろんありますが、昔のように致命的な故障や不具合はかなり減ってきており、保証期間内に故障することはまずありません。製造技術が成熟した現代では、故障率をある程度考慮した、損失を出さないようなものづくりが行われています。このようなことは、大量生産に支えられた産業では当然のことですが、宇宙で使われるものは、地上で使われているものとなにが違うのでしょう。まず、このような大量生産をすることはあまりありません。少量の特注に近いものづくりが多いので、なかなか大量生産による安定した品質の恩恵を受けることができません。その一方で、高度で熟練したエンジニアの手による高品質なものづくりに支えられているので、品質を維持しやすい環境にあります。大量生産は現代の文明を支える基盤かもしれませんが、人類の知的活動に基づくものづくりを通して、高い信頼性を維持していけるのが、宇宙の分野のものづくりの魅力かもしれません。

予備系で信頼性を高める

宇宙では故障しても、人が行って修理をすることがほとんど不可能なので、故障に備えて予備系を設けるなどの設計方法をとることがあります。例えば、重要な搭載機器やコンピュータは、万一に備えて複数の系統を用意しておき、異常時には切り替えて使うようにする方法です。地上用でもインフラ系などの重要な装置では、このような予備系をあらかじめ設けておくことがあります。この方法は、効果がわかりやすいのですが、当然、二つ同じものを組み込めば質量や体積が二倍になります。また，切り替えるためのスイッチや制御回路も必要になりますが，このスイッチや制御回路の故障というリスクを背負い込むことになります。

予備系というのは，もっと大きなレベルで持つこともあります。すなわち，同じような人工衛星を二機つくって軌道に置いておくというものです。片方に万一の故障があっても，もう一つのほうで補うことができます。いまでも商用衛星を使ったサービスではこのような方法がとられていることがあります。この場合は，どちらか一機が機能すればほぼすべての運用サービスが可能です。それに対して，複数の人工衛星で相互に補完しあいながら全体のシステムを作るという方法もあります。

例えば，イリジウム（ＩＲＩＤＩＵＭ）という周回衛星を使った移動体衛星通信システムは，六十六機の衛星を高度約七八〇kmの軌道に周回させ，地球上から見るとつねに数機の衛星が可視範囲に入り，かならず通信が行えるようにしたものです。この場合は，かりにいくつかの衛星が不具合を起こしても，まったく通信ができなくなるということはなく，全体で通信システムに対する信頼性が高くなるようになっています。

明確に予備系とされているわけではなくても，複数の軽量な小形ローバーを月や火星に走行させたり，複数の軽量な飛行機を火星に飛行させたりすることは，観測システムに対する信頼性の向上に効果的です。リスクの大きなこのような観測に対して，かりにその中の数機でトラブルが起きても、ある程度の観測データを得ることができます。しかし、そのためには、一台の小形ローバーや無人飛行機が軽量であることが必須です。一〇〇kgの割り当て質量に対して、一〇〇kgのローバーを一台か、一〇kgのローバーを十台か、あるいは一kgの小形ローバーを百台かで、それぞれでローバーの設計方針は大きく異なります。このようなことを想定して、数多くの小形ローバーや無人飛行機を使う観測システムを考えると、当然のことですが、軽量化・低コスト化は重要ということになります。また、輸送の際に荷物室に収めるためには、小さく折り畳むことも必要になります。このような場面では、ここまで述べてきた、軽量で小さく折り畳める構造物が、重要な役割を果たすことになるでしょう。

部品数を減らして信頼性を高める

身の回りの製品で、故障が減った理由の一つに、故障する箇所が少なくなったことがあります。例えば、パソコンでは、ハードディスクドライブ（ＨＤＤ）や光ディスクドライブは、メカニズムを使う部分が多く、これまで故障が多い代表的な部品でした。それが、最近のパソコンは、ＨＤＤはフラッシュソリッドステートドライブ（Flash SSD）に置き換わり、光ディスクドライブはそもそも搭載されなくなってきています。誤解があるといけないのですが、メカニズムがあると故障が多くなるということではありません。メカニズムだからこそ，十分に高い信頼性のものが作れる場合も少なくありません。しかし，ここにコストという視点を入れて，経済的に信頼性を高くする方法が，一般的に流通している製品には数多く取り入れられているとみることができます。

先の例でみてみると，ＨＤＤを Flash SSD に置き換えるということは，モータや磁気ヘッドのような機械的な駆動部をなくすことにより，衝撃や振動による予期せぬ故障の発生を防ぐことになります。また，データを記録するプラッタという高速で回転する積み重ねられた円板や，その回転や磁気ヘッドの動きを制御する部品などが不要になり，全体の部品数そのものを大幅に削減できます。もちろん，ＨＤＤと Flash SSD では，寿命による故障の仕方は異なりますので，単純に比較をすることはできませんが，衝撃や振動に対する信頼性は格段に向上させることができます。光ディスクドライブは，そもそもなくしてしまえば，究極の故障対策になります。それに代わることを，高速なインターネット経由で大量のデータのやりとりで行えるようになっています。

ここまで述べてきたインフレータブル構造では，このような部品数の削減に非常に大きく貢献します。それも，複雑な機構部品を大幅に減らすことが可能で，展開構造物にとっては，展開の不具合のリスクを低減することにつながります。また，その部品の種類も，例えば展開力を発生させたり制御をするのに使われていたモータ，ギアや電源装置を，ガスボンベとバルブに置き換えると，可動部が少なくなります。モータを宇宙空間で使用する場合は，通常はヒータと断熱材で保温する必要があります。また、モータへの配線のケーブルを大形構造物に対して引き回す必要もあります。宇宙インフレータブル構造は、このような複雑な部品の多くを削減することができるので、展開の信頼性を大きく向上させ、ミッションの達成率を上げるのに貢献できます。

あとがき

出張や旅行に行く時に、最近では持ち物管理アプリを使って忘れ物をしないようにチェックしています。持って行くものは決まっていて、季節や目的、日数で選択をするわけですが、このアプリには、持ち物ごとに数量と質量を入れる項目があります。したがって、持ち物リストを作ると自動的に荷物の総質量が表示されます。これ自体は便利なのですが、これを月や火星への旅行に使ってみるとどうなるでしょう。

空気ボンベや宇宙服のように、地球の旅行ではあまり必要がない持ち物がリストに追加されるのは当然ですが、リストの項目に新しいものが追加されていることに気がつきます。消費電力と寸法（折り畳んだ時の体積）です。これも最後に合計の数値が表示されます。実は、質量、消費電力と寸法というのは、人工衛星や宇宙機を設計する際の基本的な制約条件になります。限られた範囲の中で、各荷物（機器）にこれらが適切に配分できるように設計をします。このようなやり方では、どこかが飛び抜けて優れていてもうまくなく、全体のバランスが重要になります。しかし、こうした考え方は、宇宙ほど極端ではないにしても地球上でも有用なことが多いものです。また、これまで漠然と妥協していたことを、少し視点を変えて（宇宙で使うことを想定して）考えることで、もっと良くなる可能性があります。視点を変えるということは、なかなかできそうでできないものです。しかし、宇宙を利用するための技術を学ぶことを通して、このような柔軟な発想が自然にできるようになります。地球の様々な制約から離れて、科学の基本に忠実に思考を巡らすことで、人間が本来もっている能力が最大限に発揮できるのではないでしょうか。

本書では、軽量構造や折り畳み構造に関する技術を中心に、特に膜構造や宇宙インフレータブル構造について述べてきました。しかし、これらで使う膜材料もケーブル材料も、密度は決して小さくはありません。もしも、隙間なく畳んでロケットに積み込んだら、打ち上げ制限質量を超えてしまいます。つまり、いくら小さく畳むと言っても限度があるということになります。宇宙用の折り畳み構造では、畳めるものはできるだけ小さくするのではなく、必要とされる質量や形状にフィットさせることが目的になります。これに対して、合理的な手段を使ってバランスがとれた状態で達成したものが、優れた宇宙用の機器と言えます。

目的に対して柔軟に対応できる、文字通りの柔軟構造物がこれからの宇宙の構造物の主役になっていくでしょう。その時には、柔軟さは構造だけにあてはまるのではなく、それを創りあるいは利用する側の人間にも求められます。バックミンスター・フラーの本（文献[3]）の中では、人間の持つ自由で柔軟な発想力についても述べられています。それは、海で遭難した時にたまたま流れてきたピアノの蓋が、その時のその遭難者にとっての最適な救命具になるという話です。ピアノの蓋を設計した人は、それが救命具になることなど考えもしなかったでしょうが、それを救命具に使うのも、また人間の発想力です。このような極限状態に直面しなくても、宇宙を利用する技術について学ぶことを通して、柔軟な思考のセンスを磨くことができます。

ボイジャーのゴールデンレコードのことを最初のほうで触れました。実はこの中に、地球からの音楽（Music from Earth）の一つとして、J・S・バッハの平均律クラヴィーア曲集からの一曲が収められています（文献[19]）。知性を持った人類のメッセージとして、J・S・バッハによる宇宙的なひろがりの世界が、グレン・グールドのピアノ演奏で宇宙の知的生命体に届くことを地球人の一員として祈りたいと思います。

参考文献

全般的に参考にした文献

C. H. M. Jenkins（Ed.）, Gossamer Spacecraft：Membrane and Inflatable Structures Technology for Space Applications, Progress in Astronautics and Aeronautics, 191, AIAA（2001）

C. H. M. Jenkins（Ed.）：Recent Advances in Gossamer Spacecraft, Progress in Astronautics and Aeronautics, 212, AIAA（2006）

S. Pellegrino（Ed.）：Deployable Structures, CISM Courses and Lectures No. 412, International Center for Mechanical Science, Springer-Verlag Wine NewYork（2001）

南 宏和：『膜利用構造物の未来――飛行船・巨大膜ドームからあらゆる構造物へ』日刊工業新聞社、二〇〇三年

R・N・デント、佐々木幹生・佐々木隆夫（訳）：『空気膜構造の建築』、鹿島研究所出版会、一九七五年

石井一夫：『空気膜構造――設計と応用』、工業調査会、一九七七年

全般的に参考にしたウェブサイト（以下URLは二〇一五年四月現在）

NASAのウェブサイト：http://www.nasa.gov/

JAXAのウェブサイト：http://www.jaxa.jp/

SIMPLE Project のウェブサイト：http://simple.myftp.org/

国際宇宙ステーションのポート共有実験装置のウェブサイト：http://iss.jaxa.jp/kiboexp/equipment/ef/mce/

個別の参考文献および参考ウェブサイト

[1] 春山純一：月地下溶岩チューブの天窓、宇宙科学の最前線、ＪＡＸＡ宇宙科学研究所、二〇一〇年：http://www.isas.jaxa.jp/j/forefront/2010/haruyama/index.shtml

[2] T. Aoki, H. Furuya, K. Ishimura, Y. Miyazaki, K. Senda, H. Tsunoda, et al.：On-Orbit Verification of Space Inflatable Structures, Trans. JSASS Space Tech. Japan, **7**, ists26, pp. Tc_1~Tc_5（2009）

[3] バックミンスター・フラー、芹沢高志（訳）：『宇宙船地球号操縦マニュアル』、筑摩書房、二〇〇〇年

[4] 内閣府宇宙政策のウェブサイト：http://www8.cao.go.jp/space/index.html

[5] A. C. Clark：Extra-Terrestrial Relays - Can Rocket Stations Give Worldwide Radio Coverage?, Wireless World, pp. 305~308（1945）

[6] D. H. Martin：Communication Satellites Fourth Edition, The Aerospace Press（2000）

[7] M. W. Thomson：Astromesh™ Deployable Reflectors for Ku- and Ka-band Commercial Satellites, 29th AIAA International Communications Satellite Systems Conference and Exhibit, Montreal, AIAA-2002-2032, Quebec, Canada（2002）

[8] R. E. Freeland, G. D. Bilyen, G. R. Veal, M. D. Steiner and D. E. Carson：Large Inflatable Deployable Antenna Flight Experiment Results, Proceedings of the 48th International Astronautical Congress, IAF-97-I.3.01, Turin, Italy（1997）

[9] K. Watanabe, K. Higuchi, A. Watanabe, H. Tsunoda, et al.：Structural Design of Ultra-Lightweight Spin Axis Extendable Mast Using Inflation Extension Method, 56th International Astronautical Congress, IAC-05-C2.1.B.07, Fukuoka, Japan（2005）

[10] K. Higuchi, K. Watanabe, A. Watanabe, H. Tsunoda and H. Yamakawa：Design and Evaluation of an Ultra-Light Extendible Mast as an Inflatable Structure, Proceedings of 47th AIAA/ASME/ASCE/AHS/ASC Structures, Structural Dynamics, and Materials Conference, AIAA-2006-1809, Newport, RI（2006）

[11] H. Fang and M. C. Lou：Analytical Characterization of Space Inflatable Structures --- An Overview, Proceedings of 40th AIAA/ASME/ASCE/AHS/ASC Structures, Structural Dynamics, and Materials Conference, AIAA-99-1272, pp. 718~728, St. Louis, MO（1999）

[12] H. Fang, J. Huang, U. Quijano, K. Knarr, J. L. Perez and L.-M. Hsia：Design and Technologies Development for an Eight-Meter Inflatable Reflectarray Antenna, Proceedings of 47th AIAA/ASME/ASCE/AHS/ASC Structures, Structural Dynamics, and Materials Conference, AIAA-2006-2230, Newport, RI（2006）

[13] F. Kamagata, R. Suzuki, S. Aoyama, H. Tsunoda and T. Yoshimitsu：Structural Characteristics of Inflatable Wheel Using Three-dimensional Shape Forming of Engineering Plastic Film, 29th International Symposium on Space Technology and Science（29th ISTS）, 2013-c-21, Nagoya Congress Center, Nagoya, Japan（2013）

[14] 谷口・青谷和紙株式会社ウェブサイト：http://www.aoyawashi.co.jp/

[15] 角田博明、吉光徹雄：〝超軽量探査ローバー用の和紙を用いたインフレータブルホイールの構成法〟、第57回宇宙科学技術連合講演会、3M09、米子コンベンションセンター（BiG SHiP）、二〇一三年

[16] 戸田拓夫：『宇宙から飛ばす折り紙ヒコーキ』、二見書房、二〇〇八年

[17] ＪＡＸＡ／ＩＳＡＳの火星探査航空機ワーキンググループのウェブサイト：http://flab.eng.isas.jaxa.jp/meav/

［18］ 永田貴之、岩男拓実、大泉賢一、角田博明：〝インフレータブルチューブで構成したウィングを有する飛行機の試作と飛行実証〟、第29回宇宙構造・材料シンポジウム、ＪＡＸＡ／ＩＳＡＳ、ＪＡＸＡ相模原キャンパス（宇宙科学研究所）、二〇一三年

［19］ THE GOLDEN RECORD- Music from Earth, Jet Propulsion Laboratory, NASA : http://voyager.jpl.nasa.gov/spacecraft/music.html

著者研究室のウェブサイト

http://www.ea.u-tokai.ac.jp/ultralight_space_systems_lab/

索　　引

未来を拓く宇宙展開構造物
――伸ばす、広げる、膨らませる――

2015年7月3日　初版第1刷発行　★

検印省略

著　者　角《つの》　田《だ》　博《ひろ》　明《あき》
発行者　株式会社　コロナ社
　　　　代表者　牛来真也
印刷所　萩原印刷株式会社

112-0011　東京都文京区千石4-46-10

発行所　株式会社　**コ　ロ　ナ　社**

CORONA PUBLISHING CO., LTD.

Tokyo　Japan

振替　00140-8-14844・電話（03）3941-3131（代）

ホームページ　http://www.coronasha.co.jp

ISBN 978-4-339-07711-7　（鈴木）　（製本：愛千製本所）

Printed in Japan